权威·前沿·原创

皮书系列为
"十二五""十三五"国家重点图书出版规划项目

大数据应用蓝皮书

BLUE BOOK OF
BIG DATA APPLICATIONS

中国大数据应用发展报告 *No.3*
（2019）

ANNUAL REPORT ON DEVELOPMENT OF BIG DATA
APPLICATIONS IN CHINA No.3 (2019)

中国管理科学学会大数据管理专委会
国务院发展研究中心产业互联网课题组
主　编／陈军君
副主编／吴红星　端木凌

社会科学文献出版社
SOCIAL SCIENCES ACADEMIC PRESS（CHINA）

图书在版编目（CIP）数据

中国大数据应用发展报告. No. 3，2019 / 陈军君主
编. -- 北京：社会科学文献出版社，2019.11
（大数据应用蓝皮书）
ISBN 978 - 7 - 5201 - 5806 - 0

Ⅰ.①中…　Ⅱ.①陈…　Ⅲ.①数据管理 - 研究报告 -
中国 - 2019　Ⅳ.①TP274

中国版本图书馆 CIP 数据核字（2019）第 256906 号

大数据应用蓝皮书
中国大数据应用发展报告 No. 3（2019）

主　　编 / 陈军君
副 主 编 / 吴红星　端木凌

出 版 人 / 谢寿光
组稿编辑 / 祝得彬
责任编辑 / 张　萍

出　　版 / 社会科学文献出版社·当代世界出版分社　（010）59367004
　　　　　　地址：北京市北三环中路甲 29 号院华龙大厦　邮编：100029
　　　　　　网址：www. ssap. com. cn
发　　行 / 市场营销中心（010）59367081　59367083
印　　装 / 三河市东方印刷有限公司

规　　格 / 开　本：787mm × 1092mm　1/16
　　　　　　印　张：17　字　数：253 千字
版　　次 / 2019 年 11 月第 1 版　2019 年 11 月第 1 次印刷
书　　号 / ISBN 978 - 7 - 5201 - 5806 - 0
定　　价 / 168.00 元

本书如有印装质量问题，请与读者服务中心（010 - 59367028）联系

大数据应用蓝皮书专家委员会

（按姓氏笔画排序）

大数据应用蓝皮书编委会

（按姓氏笔画排序）

主　编　陈军君

副主编　吴红星　端木凌

编　委

王　卫	王国荣	方　芳	叶剑鸣	印金汝
朱宗尧	刘迎风	刘胜军	刘艳清	许令顺
阳　宁	吴仲城	张　舵	张小菲	邵　平
范　寅	范文跃	周健奇	周耀明	施　韦
姜春燕	贺　捷	袁　乐	耿焕同	唐晓梦
黄叙新	庚朝富	梁晓梅	彭志宇	蒋　铖
储昭武				

主要编撰者简介

朱宗尧　工学学士，管理学博士，工程师，曾任崇明县民政局办公室副主任，上海市信息化办公室信息产业管理处科员、副主任科员、主任科员、副处长，上海市信息化委员会软件和信息服务业管理处（行业协会指导办公室）副处长、处长，上海市经济和信息化委员会软件和信息服务业处处长、信息化推进处处长，申能（集团）有限公司副总经理。现任上海市人民政府办公厅副主任，上海市大数据中心党委书记、主任。

吴红星　教授级高级工程师，工学博士，国务院政府特殊津贴专家。现任安徽建工集团副总工程师兼信息部主任。兼任安徽省人社厅专家咨询委员会委员，安徽省医保局网络安全和信息化专家咨询委员会委员，安徽省国资系统信息化专家咨询委员会委员，安徽省网络安全与信息化专家咨询委员，安徽省信息化协会副会长兼秘书长。主要研究方向为企业信息化、数据挖据、系统集成、网络安全等。曾获得安徽省科学技术进步二等奖两项，安徽省科学技术进步三等奖三项，部级科学技术进步三等奖四项，安徽省企业管理创新一等奖四项，安徽省重大合理化建议和技术改进成果奖四项，安徽省学术和技术带头人，安徽省"特支计划"人才，安徽省青年科技奖，安徽省优秀职业经理人，全国优秀首席信息官。

陈军君　国务院发展研究中心主管主办媒体《中国经济时报》高级编审，中国经济时报社新媒体平台"产业头条"CEO。国务院发展研究中心"产业互联网课题组"联络员，"产业互联网论坛"副秘书长。长期关注产业发展、产业升级和产业政策。在《中国经济时报》任职期间，先后参与新疆维吾尔自治区区域发展专题调查、工业和信息化部中国制造 2025 试点城市调研、国务院发展研究中心"德国工业 4.0 在中国的创新与应用"课题组调研等一系列活动，发表一系列相关调查报告及新闻报道，参与《中国制造业大调查：迈向中高端》一书写作。履新"产业头条"后，致力于打造"从产业信息推送到产业项目落地一揽子解决方案"的综合平台。

周健奇 研究员，现任国务院发展研究中心企业研究所企业评价研究室主任。主要从事工业供给侧结构性改革、工业形势分析、供应链管理、平台的网络化发展、中国企业创新能力、政府多元治理和企业战略管理等领域研究。长期跟踪的传统行业包括能源、钢铁、化工等，重点研究的新兴行业包括分布式光伏、集成电路、AI 医疗等。2010 年以来共参与课题 60 余项，累计撰写 50 余篇政策研究报告，参与 10 余本图书的写作。

耿焕同 现为南京信息工程大学继续教育学院院长，教授，博士生导师，江苏省高校"青蓝工程"中青年学术带头人，江苏省教育工作先进个人（优秀共产党员）。曾作为省委组织部"科技镇长团"成员挂任昆山市巴城镇党委副书记，任南京信息工程大学滨江学院副院长等职。中国科学技术大学计算机应用技术博士，气象灾害省部共建教育部重点实验室博士后，中国计算机学会高级会员，中国人工智能学会高级会员，主持和参与 30 余项省级及以上科学研究项目。主要研究方向为人工智能、气象信息技术等。曾获安徽省科学技术奖三等奖、江苏省教学成果奖二等奖、江苏省教育科学研究成果奖三等奖等。

摘　要

"大数据应用蓝皮书"由中国管理科学学会大数据管理专委会、国务院发展研究中心产业互联网课题组和上海新云数据技术有限公司联合组织编撰，是国内首本研究大数据应用的蓝皮书。

该蓝皮书旨在描述当前中国大数据在相关行业及典型代表企业应用的状况，分析当前大数据应用中存在的问题和制约其发展的因素，并根据当前大数据应用的实际情况，对其未来发展趋势做出研判。

本书分为总报告、指数篇、热点篇、案例篇四个部分。

2019 年，种种迹象表明，大数据在社会生产和管理实践中产生了巨大的价值和效益。本书从政府大数据应用和实体经济大数据应用两个角度观察大数据当下动态。在政府大数据应用方面，本书收录了上海和合肥两篇案例文章，分别围绕政府数据开放力度加大，政府利用数据的广度及深度增加展开描述。在实体经济大数据应用方面，本书收集了能源、农业、建筑、金融、5G 应用、线下实体、食品、新零售等大数据应用实践案例，展现了大数据在实体经济应用方面的探索与尝试。

目前我国正处于新旧动能持续转换进程中，大数据被认为是中国经济增长的新动能。本书认为，从 2019 年大数据整体形势看，中国大数据正进入广泛深层次应用阶段，体现在以下几方面。一是国家政策围绕实体经济融合构建了完整的政策体系，大数据园区与基地四处开花。二是大数据核心产业即将达到万亿元总体规模，形成核心业态、关联产业、衍生产业的产业生态结构。三是大数据产业聚集，大数据业务分布差异明显。四是大数据产业涉及政府和社会产业各个层次，并产生了巨大的价值。2019 年，大数据应用更加贴近行业业务。五是政府大数据应用在数据共享方面开放力度加大，数

据应用业务也从舆情监管、网络监管、指挥调度、监管和追溯等业务向政府用车等精细化管理领域转变。

初步完善的大数据政策体系，大量的资本持续投入，规模化、体系化的大数据产业基础，使得大数据应用已经具备与实体经济及政务管理深度融合的基本条件。但面向未来，大数据应用进一步发展需要完备的数据标准体系及评价体系的支撑，需要有力细致的大数据安全保障，需要更先进、更专业的大数据技术支持，需要更多的跨领域、跨专业复合人才。

值得一提的是，本书首次推出"面向政府管理的大数据管理成熟度模型及指标体系"，构建了战略规划、配套政策、组织结构、数据开放、人才资源 5 个一级指标，围绕政府大数据管理给出能力评判模型。该评判模型的搭建或将推动政府大数据应用的发展。

关键词： 大数据应用　实体经济　政府大数据应用

序一
抢抓数字经济战略机遇

李伯虎*

我国是人口大国和经济大国，也是数据资源大国和数据应用大国。随着大数据、人工智能、5G 应用等信息技术的深入发展和互联网经济的不断繁荣，当今中国业已成为产生和积累数据最多、数据类型最丰富的国家之一。在各方面的努力下，中国大数据技术领域和应用领域发展势头均呈现良好态势，大数据产业步入了高速发展时期。2019 年 3 月 5 日，李克强总理在政府工作报告中指出，"要促进深化大数据、人工智能等研发应用，培育新一代信息技术、高端装备、生物医药、新能源汽车、新材料等新兴产业集群，壮大数字经济"。这表明数字经济将是中国经济增长的重要引擎，也充分展现了政府积极引导创新驱动发展的坚定决心。我们相信，数字经济的规模一定会不断扩大，中国在数字经济领域的发展经验对全世界的借鉴作用也将越来越显著。

制造业是国民经济的主体，目前我国已经是世界第一制造大国，提高制造业的生产水平，加快推进制造业数字化转型是国家战略要求。大数据是智能制造的基础，在工信部发布的《大数据产业发展规划（2016～2020 年）》中，数据已被定位为国家基础性战略资源，因此大数据也有"21 世纪的钻石矿"之称。

---

* 李伯虎，中国工程院院士，北京航空航天大学自动化学院教授、博士生导师。现任中国航天科工集团公司科技委顾问，北京航空航天大学学术委员会委员，北京航空航天大学自动化学院名誉院长。

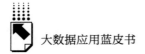

　　我国大数据产业处在重要的发展机遇期，推动大数据产业蓬勃发展，对提升治理能力、优化公共服务、增加企业竞争力、促进经济转型和产业发展有重大意义。目前中国的发展路径清晰地表明：在国家层面通过实施大数据战略，以大数据为突破，拓展新的空间，不断地将数字经济做大做强，使之成为经济强有力的增长点，是新的历史机遇，将造就新的世界格局。

　　本书从政府大数据应用和实体经济大数据应用两个角度观察当下大数据的动态，从行业大数据入手，展现了大数据在实体经济应用方面的探索与尝试。它为当前大数据研究打开了一扇窗户，让大家能从更多的角度观察大数据，更多的行业了解大数据，更全面地认识政府对大数据的管理情况。

　　本书分为四个部分，分别是总报告、指数篇、热点篇、案例篇。总报告对当前大数据应用中存在的问题和制约其发展的因素进行了分析，热点篇和案例篇介绍了大数据在典型行业和部门企业应用的状况。在指数篇中本书首次推出了"面向政府管理的大数据管理成熟度模型及指标体系"，通过三级指标体系细化评判标准，围绕政府大数据管理给出能力评判模型。这对于政府和社会正确认识本区域大数据管理的现状，提高政府对大数据相关产业的管理水平，加强大数据的全流程管理，充分发挥大数据的价值，提高大数据管理工作效率是一次有益的尝试。

序二
大数据技术：时代新技术在于
解决时代新问题

张国有*

由中国管理科学学会大数据管理专委会、国务院发展研究中心产业互联网课题组和上海新云数据技术有限公司联合组织编撰的《中国大数据应用发展报告 No. 3（2019）》（以下简称蓝皮书）如期出版了。自 2017 年以来，该报告每年对中国大数据管理发展进行系统的研究和评述，已坚持三年。2019 年的蓝皮书有个与往年不同的地方，就是首次推出"面向政府管理的大数据管理成熟度模型及指标体系"，该体系用可量化的指标来评价当前各级政府对大数据治理以及实践的绩效。这个评价体系对于协助政府落实大数据管理，推进配套设施建设，加快政府管理改革，积极应对当前大数据带来的影响，加强大数据的全流程管理，提高大数据管理工作效率和管理水平等方面，将起到展示、比较、激励、促进发展的作用。在 2019 年蓝皮书即将出版之际，大数据管理专委会同人让我说几句话，遵嘱奉命，我就从管理的角度谈谈大数据技术在遵从事实逻辑、着眼应用、更多地解决现实问题等方面的一些看法，与大家一起探讨。

大数据技术及其应用是新时代的新技术，它不是横空出世的独立之作，而是时代及与其相适应的信息技术发展到互联网、移动互联网、物联网、云计算、区块链、人工智能、量子通信等这样的阶段出现的新的技术族群。大

---

* 张国有，北京大学光华管理学院教授，中国管理科学学会会长，北京大学原副校长。

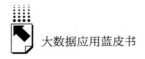
数据理念、大数据技术、大数据规则等作为技术生态中的一类合理地出现了，与其他技术种类相互关联、相互促进。所以，大数据技术是技术流中的一部分，既没有阻断以往，也没有终了未来。某个时代的新技术就是要解决这个时代面临的新问题。

大数据的现代成就与人类有关，大数据技术是人造的结果。从本源看，地球的世界是物质的、运动的，运动的物质是有信息的，信息的界定、获取与使用与人类直接相关。人类每个时期都存在大量甚至海量数据，只是人类缺乏相应的能力和手段，难以认识、收集和处理大数据。人类在等待，人类在积累，人类在创造。

进入 21 世纪，数据的面貌得到改观，人类处理数据的能力得到提高。"大数据"概念的提出就是人类在新阶段认识的结果，这种情况不是现在突然冒出来的，而是有了几十万年的积累，是近 30 年计算机、网络、算法、算力的创新和进步。随着信息存储、信息处理、信息传递能力的提升，互联网、物联网、大数据、云计算、人工智能等新的信息技术使人类改变了认识世界的方式，意识到大数据蕴含的巨大价值以及大数据在国家未来发展中的重要作用。经过近 10 年的发展，中国大数据在政策体系、资本市场、行业市场的实际应用范围更广。

近年来，作为处理对象的数据越来越多地受到各个领域的关注。随着各个领域的发展，数据渗透到社会生产生活各行各业的方方面面，不但成为重要的生产因素，还成为人们社会生活的基础。在大数据的挖掘和运用上，近10 年来，大数据交易平台和数据存储服务平台的出现，促进了应用领域的快速发展；政务、工业、农业、金融、民生服务、零售、交通、电信等领域的数据服务、数据基础支撑、数据融合应用出现了强劲的发展态势；大数据的行业分工更加精细，合作更加紧密，逐渐形成核心业态、关联产业、衍生产业的产业生态结构。在市场需求的推动下，以数据生产、采集、存储、加工、分析、服务为主的相关经济迅速发展，数据资源建设、大数据软硬件产品的开发、销售和租赁活动以及相关信息技术服务等非常活跃，大数据技术和应用更多地深入经济基层和社会基层，向工业、农业、交通、能源、医疗、实体零售等行业展开，能否利用大数据技术改造传统经济、培育新经济新动能，是大数据面临的新任务之一。

在中国，大数据技术及其应用的发展与政府的理念、作为、积极性、主动性密切相关。政府的积极性和主动性为大数据技术发展和应用提供了宏观动力、政策及法规环境。2013 年以来，中央政府和地方政府逐年加深对大数据的认识，加快对大数据技术发展和应用的推动。中央、地方相继出台了许多相关政策、法规，建立了大数据管理机构。大数据政策、制度、法规、机构的不断完善，促进了大数据等相关新兴技术领域优秀人才的成长，促进了相关企业的出现和成长。由于政府在以往经济社会中的地位和作用，其掌握了社会经济的大部分数据资源。政府对数据的开放、管理和主动性程度，直接影响到企业及民间对数据的开放、管理和主动性程度。由此可见，中国大数据领域的发展成就，与近 10 年政府的政策、法规、办法的出台和推动是分不开的。将来还要顺着改革政府、开放民营、植根国民的准则，继续推进政府改革，继续发挥政府的动能，发挥民间的力量，着眼于国民的需求，扎根国民的高素质，促进大数据领域高品质的发展，尤其是在政府数据广度和具体应用方面，在大数据平台建设和大数据治理方面，政府可发挥更大的作用。现在，有些地方政府在积极推动智慧安全城市的建设，大数据在智慧政府、智慧医疗、智慧交通、智慧生活、智慧教育、智慧环保等诸多场景的应用及成效立刻凸显出来。"面向政府管理的大数据管理成熟度模型及指标体系"的首发，恰逢其时。

中国大数据的发展将广泛地融合到社会生产和社会管理的各个领域，大数据融合创新将成为大数据应用的重要方向。大数据、人工智能与金融行业结合，促进了金融征信、精准营销、金融风控、量化投资、金融反欺诈、智能投顾等领域的发展。生产性企业利用数字手段实现企业组织流程的合理化，利用企业积累的数据优势和知识优势，识别企业的方向、重点、难点和风险，实现企业价值最大化。大数据与零售业实体结合，帮助实体在商品采购、货品摆放、购物体验、运输配送、商品跟踪反馈等各环节提高效益。大数据技术与 5G 技术结合，带来更便捷的数据采集手段、更丰富的数据应用

手段，使大数据技术架构呈现出新的变化和新的特点。

大数据的发展态势令人鼓舞，同时面临一些共同的期待。例如，以数据为生产要素的大数据产业有待形成，统一的跨行业的数据标准亟须出台，衡量大数据发展水平的评价体系亟须建立，大数据安全法律法规亟待细化，数据安全技术手段建设需要加强。更为重要的是，随着大数据应用与实体经济的深度融合，大数据应用核心技术将更加贴近社会管理与经济实体业务领域，进一步朝专业化、多样化方向发展，对跨领域、跨行业的复合型人才需求将更加旺盛。所以，中国大数据技术发展和应用任重道远，需要继续完善大数据标准和规则，强化大数据应用持续发展的规则基础；需要健全大数据发展成效的各领域及综合的评价体系，强化大数据应用持续发展的导向和动力；需要重视数据安全保护工作，强化大数据应用持续发展的长远基础及信誉保障；需要支持和保护大数据领域的技术多样性，强化大数据应用持续发展多样化的技术活力；更重要的是需要引入和培养有利于大数据应用持续发展的理论人才、实用人才和复合型人才，最大限度地夯实大数据人才基础。

中国管理科学学会大数据管理专委会的同人根据大数据技术和应用的趋势，经过实地调研、实例研究和理论分析，有了许多收获，将这些研究成果结集出版，以期和大家进一步讨论问题，希望能对中国大数据领域的发展有更多的思考，更多的研究，更大的作为。希望蓝皮书研究及编辑团队能够再接再厉，不断推出理论研究、实例分析、方法推介的新成果，继续修改完善相关指标体系，推进新时代的大数据技术更有效地解决新时代的大问题。

目　录

Ⅰ　总报告

B.1　融合·规范：直面挑战的中国大数据应用……　刘胜军　范　寅／001

　　一　大数据应用的发展历程 …………………………… ／002

　　二　大数据应用发展的新特征 ………………………… ／004

　　三　大数据应用发展的新态势 ………………………… ／012

　　四　大数据应用发展的新要求 ………………………… ／015

Ⅱ　指数篇

B.2　面向政府管理的大数据管理成熟度模型及指标体系……　耿焕同／022

Ⅲ　热点篇

B.3　能源的平台化趋势与大数据治理…………………… 周健奇／031

B.4　商务诚信大数据的应用现状及发展趋势

　　………………………… 范文跃　阳　宁　姜春燕／047

B.5　机器人投资顾问：大数据驱动的普惠投资…… 彭志宇　施　韦／064

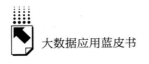

B.6 5G 移动通信使大数据应用发展更加广阔
.... 周耀明　袁　乐　范　寅　蒋　铖 / 084

Ⅳ　案例篇

B.7 浅析上海市公共数据管理与共享体系
.... 朱宗尧　刘迎风　储昭武 / 100

B.8 基于大数据应用的合肥智慧安全城市发展研究
.... 方　芳　许令顺 / 119

B.9 数据思维：新时代数据化的机关事务管理体系
.... 庾朝富　黄叙新　吴仲城 / 135

B.10 协同可视化：大数据时代的数字建工 .... 吴红星 / 150

B.11 面向智慧司尔特的农业大数据应用系统
.... 刘艳清　叶剑鸣　印金汝 / 172

B.12 大数据引领智能金融：以索信达为例 .... 张　舵　邵　平 / 192

B.13 零售"五定"管理：大数据时代下的生鲜传奇 .... 王　卫 / 209

B.14 "真心"大数据：休闲食品全周期数字化
管理体系与实践 .... 贺　捷 / 221

Abstract .... / 236

Contents .... / 238

皮书数据库阅读**使用指南**

总 报 告

General Report

B.1

融合·规范：直面挑战的
中国大数据应用

刘胜军 范 寅*

摘 要： 大数据应用的重要目标就是要改变旧的管理模式，提高社会
管理和经济生产的整体效益。2019 年，大数据应用已进入深
度融合发展阶段，大数据政策体系稳定成熟，技术生态丰富
多样，行业稳定发展，构成了大数据深度融合应用的基础条
件。现阶段，以数据为生产要素的大数据产业有待形成，统
一的跨行业的数据标准亟须出台，衡量大数据发展水平的评

---

* 刘胜军，毕业于中国科学技术大学计算机科学与技术专业，高级工程师、高级项目经理，电
子工程标准定额编审专家，现任安徽中科大国祯信息科技有限责任公司总经理，中国管理科
学学会大数据管理专委会副主任，安徽省云计算产业促进会副会长，主要研究方向为数据挖
掘、数据安全、认知运维；范寅，曾就职于思科、联发科、腾讯等企业，长期从事系统软件、
算法开发研究工作。

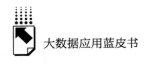

价体系亟须建立，大数据安全法律法规亟待细化，数据安全技术手段建设需要加强。同时，随着大数据应用与实体经济的深度融合，大数据应用核心技术将贴近社会管理与经济实体业务领域，朝专业化、多样化方向发展，对跨领域、跨行业的复合型人才需求将更加旺盛。

关键词： 深度融合　数据开放　大数据应用态势　大数据评价体系

一　大数据应用的发展历程

21 世纪初，随着信息存储、信息处理、信息传递核心能力的飞速提升，以大数据、物联网、人工智能为代表的新一代信息技术深刻地改变了人类的经济社会形态。意识到大数据蕴含的巨大价值以及大数据在中国战略机遇期的重要作用，中国把大数据发展提升到国家战略高度，新一代信息技术与实体经济融合已成为国家的重要战略举措。经过多年发展，中国大数据在政策体系、资本市场、行业市场等领域中的应用逐渐成熟。

在政策体系方面，2014 年，大数据首次被写入政府工作报告，标志着我国进入大数据政策体系建设阶段。2015 年，国务院正式印发《促进大数据发展行动纲要》，这是大数据政策体系建设进程中一个重要里程碑。截至 2019 年，全国各地市相继出台大数据相关政策性文件近 200 个，初步建立起大数据政策网络体系，形成了顶层架构政策与前沿性、行业性、专业性政策共存的政策体系。随着政策的落实，中国加快了大数据布局，构建了以包括贵州、上海、京津冀等 8 个大数据综合试验区为引领，以京津冀、长三角、珠三角、西部地区和东北地区 5 个聚集区域为协同的发展格局。

在资本市场方面，我国资本界对数据天生敏感，有较强的洞察力，很早就预见了大数据的巨大价值和大数据应用的巨大潜力。国金证券股份有限公司在 2011 年 12 月发布了《大数据时代即将到来》报告，引起资本市场的巨大震动；2012 年 1 月，该公司发布了《大数据时代三大趋势和投资方向》报告，对大数据投资做了系统阐述；2012 年 4 月，该公司发布了《以数据资产为核心的商业模式》报告，系统地描述了数据应用的商业图景。这三篇报告掀起了资本市场投融资的热潮，引起了巨大的反响。大数据行业投融资连年增长，2016 年，中国大数据投资总规模已经超过美国，达到 735.16 亿元。2019 年，大数据行业呈现出投资规模大、投资持续性强、融资渠道多样化的特点。

在行业市场方面，大数据应用受政策、资本等多重因素驱动，行业发展态势良好，发展迅速。2013 年，我国大数据应用处于起步阶段，大数据市场规模为 8 亿元[①]，应用主要聚焦于互联网、通信、金融领域，一些智慧城市试点项目刚刚展开。截至 2014 年，除互联网、通信、金融领域之外，我国大数据应用在电网、交通、医疗健康、政府、农业、媒体等多个行业均有所涉及，大数据应用的深度和广度均有所增加和扩大，大数据市场（大数据软件、硬件、服务）规模达到 84 亿元[②]。2015 年，国内出现了大数据交易平台和数据存储服务平台，大数据市场规模为 116 亿元，整体规模达到 2800 亿元[③]。2016 年，大数据应用已经形成数据服务、数据基础支撑、数据融合应用的行业分工，在政务、工业、农业、金融、民生服务、零售、交通、电信等行业出现了大数据应用，大数据市场规模为 168 亿元，整体规模达到 3600 亿元[①]。2017 年，大数据市场规模为 236 亿元，整体规模达到 4700 亿元[①]。2018 年，大数据应用正逐步与实体经济融合并初见成效，大数据市场规模增长到 329 亿元，整体规模达到 6200 亿元[①]，并呈现出以下特点：在地域上，北京、上海、广东、浙江引领全国；在行业应用上，金融、电信、政务遥遥领先。2019 年，随着大数据加速渗透到实体经济，大数据

---

① 前瞻产业研究院：《大数据时代来临　大数据产业将成为商战中制胜武器》，2014 年 2 月 27 日，https://bg. qianzhan. com/report/detail/300/140227 - 3f2efeaf. html。
② 中国信息通信研究院：《中国大数据发展调查报告（2015 年）》，2015。
③ 中国信息通信研究院：《中国大数据发展调查报告（2018 年）》，2018。

应用逐步沿着北京、上海、广东、浙江向中国腹地延伸，在中西部地区得到更大发展。大数据将更加注重数据资产管理与数据管治（Data Governance），向工业、农业、交通、能源、医疗、实体零售等行业展开。伴随着大数据政策网络化、体系化，资本市场成熟稳定，行业应用规模化、生态化，大数据应用将踏上社会管理以及与经济生产深度融合的新历程。

二 大数据应用发展的新特征

李克强总理在 2019 年《政府工作报告》中指出：当前国内经济下行压力较大，实体经济困难较多。利用大数据改造传统经济产能、培育和发掘经济新动能，对于实体经济摆脱眼前困境具有现实意义。从 2019 年的大数据整体形势来看，大数据已经进入广泛深层次应用阶段，主要体现在以下几个方面：国家政策围绕实体经济融合构建了完整的政策体系，大数据园区与基地四处开花；大数据相关产业即将达到万亿元总体规模，形成核心业态、关联产业、衍生产业的产业生态结构；大数据应用聚集区与行业分布差异明显；大数据应用涉及政府和社会产业各个层次并产生巨大的价值，正朝着更广泛、更深层次方向发展。

1. 大数据与实体经济深度融合的政策体系趋于成熟

截至 2019 年，中央和地方政府连续出台各项大数据政策与措施，从顶层规划到地方推动，从专项政策到跨领域融合，在时间上有连续性，在广度上覆盖多个领域，注重大数据与垂直领域结合，形成了大数据与实体经济融合的政策体系。通过整理与大数据相关的法律与政策规定（见表1），我们可以看到，中央政策和规定或出于单个部门或由多部门联合制定，且涵盖政府、林业、农业、工业、商业、交通、旅游、医疗等多个行业和部门，涉及云计算、工业制造、大数据、智慧城市、创新创业、法律、政府数据开放等多项内容，突出了行业融合与数据创新，强调了大数据等新一代信息技术赋予经济发展新动能。

表1 与大数据相关的法律与政策规定

发布时间	文件名称	发布单位
2011年3月31日	《关于加快推进信息化与工业化深度融合的若干意见》（工信部联信〔2011〕160号）	工业和信息化部、科技部、财政部、商务部、国资委
2013年8月23日	《工业和信息化部关于印发信息化和工业化深度融合专项行动计划（2013～2018年）的通知》（工信部信〔2013〕317号）	工业和信息化部
2015年1月30日	《国务院关于促进云计算创新发展培育信息产业新业态的意见》（国发〔2015〕5号）	国务院
2015年7月1日	《国务院办公厅关于运用大数据加强对市场主体服务和监管的若干意见》（国办发〔2015〕51号）	国务院办公厅
2015年7月1日	《中华人民共和国国家安全法》	第十二届全国人民代表大会常务委员会
2015年7月4日	《国务院关于积极推进"互联网+"行动的指导意见》（国发〔2015〕40号）	国务院
2015年9月5日	《国务院关于印发促进大数据发展行动纲要的通知》（国发〔2015〕50号）	国务院
2015年11月9日	《工业和信息化部办公厅关于印发〈云计算综合标准化体系建设指南〉的通知》（工信厅信软〔2015〕132号）	工业和信息化部办公厅
2016年1月7日	《国家发展改革委办公厅关于组织实施促进大数据发展重大工程的通知》（发改办高技〔2016〕42号）	国家发展改革委办公厅
2016年2月24日	《关于推进"互联网+"智慧能源发展的指导意见》（发改能源〔2016〕392号）	国家发展改革委、国家能源局、工业和信息化部
2016年3月7日	《关于印发〈生态环境大数据建设总体方案〉的通知》（环办厅〔2016〕23号）	环境保护部办公厅
2016年4月22日	《关于印发〈"互联网+"现代农业三年行动实施方案〉的通知》（农市发〔2016〕2号）	农业部、国家发展和改革委员会、中央网络安全和信息化领导小组办公室、科学技术部、商务部、国家质量监督检验检疫总局、国家食品药品监督管理总局、国家林业局
2016年5月20日	《国务院关于深化制造业与互联网融合发展的指导意见》（国发〔2016〕28号）	国务院
2016年6月24日	《国务院办公厅关于促进和规范健康医疗大数据应用发展的指导意见》（国办发〔2016〕47号）	国务院办公厅

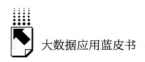

续表

发布时间	文件名称	发布单位
2016 年 7 月 13 日	《关于发布〈推进煤炭大数据发展的指导意见〉的通知》（中煤协会运行〔2016〕77 号）	中国煤炭工业协会、中国煤炭运销协会
2016 年 8 月 25 日	《交通运输部办公厅关于推进交通运输行业数据资源开放共享的实施意见》（交办科技〔2016〕113 号）	交通运输部办公厅
2016 年 10 月 14 日	《农业部办公厅关于印发〈农业农村大数据试点方案〉的通知》（农办市〔2016〕30 号）	农业部办公厅
2016 年 11 月 7 日	《中华人民共和国网络安全法》	全国人民代表大会常务委员会
2017 年 1 月 17 日	《工业和信息化部关于印发大数据产业发展规划（2016～2020 年）的通知》（工信部规〔2016〕412 号）	工业和信息化部
2017 年 5 月 3 日	《国务院办公厅关于印发政务信息系统整合共享实施方案的通知》（国发办〔2017〕39 号）	国务院办公厅
2017 年 6 月 30 日	《国家发展改革委　中央网信办关于印发〈政务信息资源目录编制指南（试行）〉的通知》（发改高技〔2017〕1272 号）	国家发展改革委、中央网信办
2017 年 7 月 27 日	《国务院关于强化实施创新驱动发展战略进一步推进大众创业万众创新深入发展的意见》（国发〔2017〕37 号）	国务院
2017 年 8 月 15 日	《水利部印发〈关于推进水利大数据发展的指导意见〉的通知》（水信息〔2017〕178 号）	水利部
2017 年 9 月 6 日	《关于印发〈智慧城市时空大数据与云平台建设技术大纲〉（2017 版）的通知》（测办发〔2017〕29 号）	国家测绘地理信息局
2017 年 10 月 25 日	《国家林业局关于促进中国林业云发展的指导意见》（林信发〔2017〕116 号）	国家林业局
2017 年 11 月 27 日	《国务院关于深化"互联网＋先进制造业"发展工业互联网的指导意见》	国务院
2017 年 11 月 28 日	《关于加快推进智慧城市时空大数据与云平台建设试点工作的通知》（国测发〔2017〕15 号）	国家测绘地理信息局
2018 年 1 月 5 日	《工业和信息化部联合印发〈公共信息资源开放试点工作方案〉》（中网办发文〔2017〕24 号）	中央网信办、国家发展改革委、工业和信息化部

续表

发布时间	文件名称	发布单位
2018 年 3 月 8 日	《交通运输部办公厅、国家旅游局办公室关于加快推进交通旅游服务大数据应用试点工作的通知》（交办规划函〔2018〕244 号）	交通运输部办公厅、国家旅游局办公室
2018 年 4 月 2 日	《国务院办公厅关于印发科学数据管理办法的通知》（国办发〔2018〕17 号）	国务院办公厅
2018 年 6 月 22 日	《国务院办公厅关于印发进一步深化"互联网＋政务服务"推进政务服务"一网、一门、一次"改革实施方案的通知》（国办发〔2018〕45 号）	国务院办公厅
2018 年 7 月 12 日	《关于印发国家健康医疗大数据标准、安全和服务管理办法（试行）的通知》（国卫规划发〔2018〕23 号）	国家卫生健康委员会
2018 年 8 月 10 日	《工业和信息化部关于印发〈推动企业上云实施指南（2018～2020 年）〉的通知》（工信部信软〔2018〕135 号）	工业和信息化部
2018 年 8 月 31 日	《中华人民共和国电子商务法》	第十三届全国人民代表大会常务委员会
2018 年 9 月 26 日	《国务院关于推动创新创业高质量发展 打造"双创"升级版的意见》（国发〔2018〕32 号）	国务院

资料来源：作者根据各政府网站信息整理。

2. 各地大数据管理机构相继健全

大数据是一种重要的人造资源，对人类社会经济发展产生了重要影响。为利用好数据资源，充分挖掘政府数据资源的最大价值，各省份纷纷成立了大数据资源管理机构。随着各级政府对大数据资源重视程度的提高，2018～2019 年，一批大数据管理机构相继成立（见表 2）。各地区大数据管理机构的成立，带动了政府各部门数据资源的整合与共享，推动了公共数据资源的共享开放，提升了政府大数据统筹规划的能力。

表 2 2018～2019 年设立的大数据管理机构（部分）

设置时间	省（自治区、直辖市）/市	机构设置
2018 年 1 月	江苏省/徐州市	徐州市大数据管理局

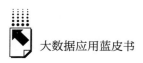

续表

设置时间	省(自治区、直辖市)/市	机构设置
2018 年 1 月	江西省	江西省大数据中心
2018 年 4 月	上海市	上海市大数据中心
2018 年 6 月	江苏省/常州市	常州市大数据管理局
2018 年 7 月	天津市	天津市大数据管理中心
2018 年 10 月	福建省	福建省大数据管理局
2018 年 10 月	吉林省	吉林省政务服务和数字化建设管理局
2018 年 10 月	浙江省	浙江省大数据发展管理局
2018 年 10 月	山东省	山东省大数据局
2018 年 10 月	广东省	广东省政务服务数据管理局
2018 年 10 月	吉林省	吉林省政务服务和数字化建设管理局
2018 年 11 月	广西壮族自治区	广西壮族自治区大数据发展局
2018 年 11 月	河南省	河南省大数据管理局
2018 年 11 月	重庆市	重庆市大数据应用发展管理局
2018 年 12 月	安徽省	安徽省数据资源管理局
2018 年 12 月	河北省/石家庄市	石家庄市数据资源管理局
2019 年 1 月	山西省/太原市	太原市大数据应用局
2019 年 1 月	浙江省/丽水市	丽水市大数据发展管理局
2019 年 1 月	河南省/郑州市	郑州市大数据管理局
2019 年 2 月	甘肃省/兰州市	兰州市大数据管理局
2019 年 2 月	陕西省/西安市	西安大数据资源管理局
2019 年 2 月	河南省/许昌市	许昌市大数据管理局
2019 年 3 月	内蒙古自治区/呼和浩特市	呼和浩特市大数据管理局
2019 年 3 月	山东省/青岛市	青岛市大数据发展管理局
2019 年 3 月	广西壮族自治区/南宁市	南宁市大数据发展局
2019 年 4 月	江西省/南昌市	南昌市大数据发展管理局
2019 年 5 月	海南省	海南省大数据管理局
2019 年 7 月	四川省	四川省大数据中心

资料来源:作者根据各政府网站信息整理。

3. 中国已经具备大数据产业化的有利条件

大数据产业指以数据生产、采集、存储、加工、分析、服务为主的相关经济活动,包括数据资源建设,大数据软硬件产品的开发、销售和租赁活动,以及相关信息技术服务。① 从这个意义上说,围绕数据生产、加工的大

---

① 工业和信息化部:《工业和信息化部关于印发大数据产业发展规划(2016~2020 年)的通知》(工信部规〔2016〕412 号),发布日期:2017 年 1 月 17 日。

数据产业尚未形成。2019 年，在大数据行业市场中，数据源与数据交易仅分别占 5% 与 4%，以数据为核心资源的数据产业分工尚未形成。在 2019 年评选的中国大数据企业 50 强中，有华为、腾讯、阿里、美团、百度等企业，但没有以大数据生产、收集、加工为核心业务的成规模的数据企业。尽管如此，中国已经具备大数据产业化的有利条件。

第一，政府数据共享开放力度加大，呈现爆发式增长。2019 年，已经有 82 个省市地级单位数据开放平台上线，约为 2018 年的一倍。全国开放数据集总量为 62801 个，是 2017 年的 7 倍左右，数据容量是 2018 年的 20 倍左右。由于政府部门掌握了绝大部分数据资源，政府数据的开放，意味着大数据发展具备了原材料供应基础。

第二，我国新一代信息产业聚集区产生。2019 年形成以北京为龙头的京津冀大数据聚集区，以广州、深圳为代表的珠三角聚集区，整体优势明显的长三角地区，以四川、贵州为代表的西部地区，以辽宁为代表的东北地区，构成了我国新一代信息产业技术的主要基地。2018～2019 年，大数据园区大规模增长，各地政府设立大数据园区 109 个。大部分省市已经建立了区级以上大数据园区（见表 3），云南、广西、黑龙江、新疆、西藏等地也在积极筹备大数据基地或者大数据中心的建设。大数据园区聚集了大量优秀的新信息技术企业和人才，汇聚了大量资本并形成产业，带动了地方经济的发展，成为国内众多大数据企业的孵化平台。

表 3 全国主要城市大数据聚集区

地点	大数据聚集区
北京市	中关村大数据产业园
天津市	天津滨海新区大数据产业园
辽宁省/营口市	环渤海（营口）大数据产业园
吉林省/长春市	长春大数据产业园
内蒙古自治区/呼和浩特市	和林格尔新区大数据产业园
内蒙古自治区/乌兰察布市	草原云谷大数据产业基地
甘肃省/兰州市	兰州新区大数据产业园
青海省/海南藏族自治州	海南藏族自治州大数据产业园

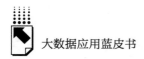
地点	大数据聚集区
河北省/张家口市	官厅湖新媒体大数据产业基地
河北省/承德县	承德德鸣大数据产业园
河北省/廊坊市	河北省廊坊市大数据基地
河北省/秦皇岛市	河北省秦皇岛大数据基地
河北省/石家庄市	河北省石家庄大数据基地
河南省/郑州市	郑州高新区大数据产业园区 郑州航空港经济综合实验区国际智能终端大数据产业园区
河南省/洛阳市	洛阳大数据产业园区 洛阳先进制造业产业集聚区大数据产业园区
河南省/平顶山市	平顶山市城乡一体化示范区大数据产业园区
河南省/安阳市	安阳高新技术产业集聚区大数据产业园区
河南省/鹤壁市	鹤壁市大数据产业园区
河南省/新乡市	新乡市大数据产业园区
河南省/濮阳市	濮阳市大数据智慧生态园区
河南省/许昌市	许昌市大数据产业园区
河南省/漯河市	漯河市大数据产业园区
河南省/三门峡市	三门峡大数据产业园区
河南省/南阳市	南阳白河大数据产业园区
河南省/商丘市	商丘市睢阳大数据产业园区
河南省/驻马店市	驻马店市城乡一体化示范区大数据产业园区
河南省/新乡市	长垣县大数据产业园
河南省/信阳市	固始县大数据产业园区
河南省/驻马店市	新蔡县大数据产业园区
山东省/济南市	山东省大数据产业基地
山东省/济宁市	济宁市大数据产业园
陕西省/咸阳市	沣西大数据产业园
山西省/太原市	山西大数据产业基地
山西省/吕梁市	山西（交城）大数据产业园
江苏省/南京市	南京大数据产业基地
江苏省/苏州市	苏州高铁新城大数据产业园 昆山花桥大数据产业园
江苏省/南通市	南通大数据产业园
江苏省/常州市	常州百度大数据产业园
江苏省/扬州市	扬州华云大数据基地

续表

地点	大数据聚集区
江苏省/盐城市	盐城大数据产业园
安徽省/合肥市	合肥庐阳大数据产业园
上海市	上海市北高新技术服务园
浙江省/乌镇	浙江乌镇大数据产业园
湖北省/武汉市	左岭大数据产业园
湖北省/襄阳市	襄阳华为大数据产业园
湖北省/宜昌市	中国电信（三峡·宜昌）大数据基地
江西省/上饶市	上饶大数据产业园
江西省/赣州市	赣州市大数据产业园
湖南省/长沙市	湖南省大数据产业园（长沙天心） 湖南省大数据产业园（长沙马栏山） 湖南省大数据产业园（长沙麓谷） 湖南省大数据产业园（长沙星沙） 湖南省大数据产业园（长沙望城）
湖南省/株洲市	湖南省大数据产业园（株洲云龙）
湖南省/湘潭市	湖南省大数据产业园（湘潭高新）
湖南省/衡阳市	湖南省大数据产业园（衡阳白沙）
湖南省/娄底市	湖南省大数据产业园（娄底万宝）
湖南省/郴州市	湖南省大数据产业园（郴州东江湖）
湖南省/永州市	湖南省大数据产业园（永州宁远）
重庆市	两江数字经济产业园 仙桃国际数据谷 永川大数据产业园
四川省/雅安市	川西大数据产业园
四川省/成都市	崇州大数据产业园
贵州省/贵阳市	贵安新区大数据产业基地
广东省/广州市	广州开发区大数据产业园 广东移动大数据创业创新孵化园 广州增城大数据产业园 南沙独角兽牧场 天河大数据产业园
广东省/深圳市	深圳特别合作区大数据产业园 腾讯众创空间（深圳）
广东省/佛山市	广东省健康医疗大数据产业园 佛山南海区大数据产业园 广东福能大数据产业园

续表

地点	大数据聚集区
广东省/东莞市	东莞市松山湖（生态园） 中科云智大数据创业创新孵化园
广东省/中山市	中山市火炬大数据产业园 全通星海孵化园 中山美居智能制造大数据产业园
广东省/梅州市	广梅共建大数据产业园
广东省/惠州市	惠州潼湖生态智慧区数据产业园
广东省/韶关市	韶关"华南数谷"大数据产业园
广东省/江门市	江门市"珠西数谷"省级大数据产业园
广东省/佛山市顺德区	广东省健康医疗大数据产业园
广东省/云浮市	云浮市云计算大数据产业园
广东省/肇庆市	肇庆大数据云服务产业园
福建省/福州市	福州滨海新城中国东南大数据产业园
福建省/厦门市	中国东南大数据产业园 厦门软件园 国家健康医疗大数据中心与产业园

资料来源：作者根据各聚集区官网整理。

第三，大数据市场规模巨大，并形成行业分工。2019年，中国大数据市场整体规模达到8080亿元。其中，数据源市场规模为404亿元，大数据交易规模为323亿元，硬件市场为1414亿元，围绕大数据的周边市场规模为1495亿元，应用市场规模为3232亿元，大数据采集、分析挖掘等技术市场规模为1212亿元①。围绕数据源的供应，出现了政府数据、物联网数据、企业数据、互联网数据等专门的数据供应商和数据服务机构。

三　大数据应用发展的新态势

《中国大数据应用发展报告 No.1（2017）》曾提出，大数据贵在应用。

---

① 中商产业研究院：《2019年中国大数据产业市场现状分析及发展前景预测（附图表）》，2019年8月20日，http：//www.askci.com/news/chanye/20190820/1027291151543_2.shtml。

大数据作为一种工具和手段，其最终目的就是被用来改造旧的生产管理方式，提高社会经济效率。实体经济遇到的困难越多，人们利用大数据改造旧动能、带动新动能的愿望就越迫切。2019年，种种迹象表明，大数据应用的各项条件已经具备，在社会生产和管理实践中产生了巨大的价值和效益。大数据应用进入与社会管理、经济活动的深入融合阶段，技术和应用都在悄然发生改变。

1. 政府大数据更加开放，大数据应用更加深入

2019年，政府大数据应用一个显著的变化是公共数据开放了。复旦大学数字与移动研究院把公共数据开放比作树，树叶是数据，树果是应用，树干是平台，树根则是政策环境。看一个地区数据的开放程度，就要观察这个地区"树木"茂盛程度以及其生长状态。2019年，我国公共数据平台发展迅速，省市上线平台82个，广东、山东发展势头更是迅猛，数据密集开放，已经"连木成林"。以树做比喻的话，上海的公共数据开放事业不仅起步早而且"长势喜人""枝繁叶茂"。上海作为政府开放数据的先行者，推出了全国第一个政府开放数据平台，连续专门制订数据开放的年度计划，连续开办数据创新利用比赛，鼓励数据民建民用，其数据质量、开放程度均居全国之首。上海把城市公共数据湖作为数据采集、汇聚的基础，在此基础之上的空间地理库、电子证照库、人口库、法人库四个基础数据库构成公共数据平台的四根"梁"，政务服务、市场监管、公共安全、公共信用等八个主题数据库构成公共数据平台的八根"柱"。由数据共享的需求清单、责任清单、负面清单和公共数据资源目录组成的"三清单一目录"则是数据共享的机制，建设、管理、使用权利的"三分离"解决了数据共享的权责划分问题。以上经验使上海完成了与国家共享交换平台的级联对接，整合了上海市各部门的数据资源，让群众能够"一网通办"，提高了政府服务与管理的效率与能力。

2. 大数据在实体经济应用中呈现多样化的特点

不同行业的大数据应用有着自身的特点，大数据在各行业实体经济应用中的探索与尝试趋于多样化。

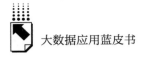

在新能源行业大数据应用中，大数据治理起着重要作用。分布式新能源是新能源发展最快的一种模式，是未来能源技术创新的关键突破口。分布式新能源改变了消费者与供给者的角色关系，带来了能源供给分配合作模式与商业模式的深刻变化，也将促进能源产业平台化发展。大数据治理手段包括数据顶层设计、数据接口标准化、数据源的梳理，对帮助能源产业平台构建完整的数据链条、发挥平台数据价值、构建能源供给商业生态有重要的作用。做好数据治理工作，提前规划设计新能源网络结构、规划移动能源数据源头、建立数据标准、做好分布式新能源平台与能源平台的对接是我国新能源布局的重要手段。

大数据在金融行业的应用则是另外一番景象。大数据与人工智能结合在金融行业得到广泛应用，覆盖了金融征信、精准营销、金融风控、量化投资、金融反欺诈、智能投顾等各种业务场景。智能投顾利用监督学习方法，从数据中找规律，排除市场风格的偶然因素影响，挖掘投资产品内在的真正价值，使得理财产品投资规避市场、政策等偶发因素的风险，为投资者实现长期稳定的回报。金融风险控制则将大数据与多方面的风险识别与模型结合，利用机器学习检测潜在风险点，通过贷前识别、贷中预警、贷后跟踪帮助银行制定风控策略，对信贷生命周期做全方位的把控。大数据与人工智能在为金融行业带来变革的同时，其带来的隐私问题和复杂算法的可解释性问题成为大数据应用继续深入的障碍。大数据在金融行业的应用期待着更强有力的隐私保护措施和更加透明的人工智能算法。

对于生产性企业来说，大数据应用体现在两个方面。一是站在企业管理者的角度，大数据的应用是一个循环过程，利用数字手段实现企业组织协同和业务协同，数据贯穿于各部门业务流程，人员组织在工作中产生的数据就是衡量其绩效的标准，用绩效改变各部门组织的最佳实践，最终达到不断提高企业核心竞争力的目的。二是站在企业生产者的角度，利用企业积累的数据优势和知识优势，识别企业生产者的困难和风险，利用先进的通信工具指导生产人员解决工作上的难题，保证企业产出效率的最大化，从而实现企业价值的最大化。

大数据与零售实体的结合则是另一种方式，零售行业、线下门店需要精打细算，在销售各环节逐步积累微小优势，最终形成企业整体竞争优势。这就需要大数据应用帮助企业从细微处着手，提高商品采购、货品摆放、购物体验、运输配送、商品跟踪反馈各环节的效益，并实现覆盖各业务节点的全面质量管理。从实践上看，大数据应用技术帮助零售商品企业建立了全生命周期数字化管理流程，从原料、生产、仓储、物流、销售到商品使用实现了商品质量全面把控，同时提高了企业的生产效益，扩充了企业的销售渠道。大数据应用帮助线下门店优化了从货架设计、商品摆放、品质控制到服务体验各个流程，在有效控制企业运营成本和销售质量的同时，保证了企业对零散的销售门店的统一管理，拉近了消费者与商业实体店的距离。

2019 年 5G 备受关注。首先是以华为为代表的中国高新技术企业与欧美企业努力争夺 5G 技术的制高点。其次是 2019 年 6 月 6 日，工信部正式发放 5G 牌照，我国 5G 进入商用时代。从 5G 的试点项目来看，利用 5G 技术可以在综合园区内，通过与大数据技术的结合实现智慧路灯、无人飞机、无人驾驶、安防监控、环境监测的一体化管理。5G 在带来更便捷的数据采集手段、更丰富的数据应用的同时，也使大数据技术架构发生了变化。5G 下的大数据应用，其更多计算业务将下沉到边缘计算，数据中心将担负更多的数据汇集管理的责任，这要求数据中心具备更高速、更高效的数据吸纳和分发能力。新的大数据技术架构将会呈现业务与数据管理分离、前端应用灵活轻便的特点。

四　大数据应用发展的新要求

经过对历年大数据应用发展情况的跟踪，以及对 2019 年大数据应用发展的观察，我们发现，大数据应用已经进入一个新的阶段。在此阶段，大数据将广泛地融合到社会管理与经济生产的各个环节中，大数据融合创新将成为大数据应用的重要方向，大数据应用发展对标准评价体系、安全保护、技术、人才各方面提出了更高的要求。

1. 完善的大数据标准是大数据应用持续发展的重要基础

大数据标准起到规范和引导作用，对于我国实体经济实现高质量发展意

义重大。目前国际上有多个标准组织从事大数据标准体系的研究，包括
ISO/IEC JTC1/SC32数据管理和交换分技术委员会从事跨行业数据交换标准
的研究，ISO/IEC JTC1/WG9大数据工作组从事大数据关键技术、参考模型
的研究，NIST（美国国家标准与技术研究院）提出了大数据互操作性框架，
提供了不同厂家技术标准接口的大数据参考框架。

中国大数据标准由国家标准、地方标准、行业标准、安全标准等组成。
全国信息技术标准化技术委员会负责研制国家标准。截至2019年，该委员会
已经完成大数据标准框架的研究，发布了9项国家标准（3项报批），仍有15
项国家标准以及13项数据安全标准正在研究中。我国地方和行业也在积极参
与标准规范的制定工作，已经发布地方标准30余项，主要集中于资源开放共
享、政务大数据、重点行业等。除数据标准外，其他相关标准建设工作也在
积极推动中。然而，不能忽视的是，虽然人工智能标准、机器人标准、知识
图谱标准等大数据标准研制工作进展顺利，但远不能跟上大数据应用大规模发
展的脚步，仍存在标准体系不完备、行业覆盖不足，大数据标准框架内的行业
标准缺乏更细致的行业划分，数据安全的法规和标准分散在不同的法律法规、
地方政策、行业标准之中，大数据标准未能很好地与行业标准融合等问题。

2. 健全的评价体系是大数据应用持续发展的重要条件

大数据发展评价体系是衡量大数据发展水平的重要工具。国际数据管理
协会为衡量企业数据资产管理能力，提出了数据资产管理成熟度模型。按照
企业数据资产管理的数据管治、架构、模型、安全、数据仓库以及商业智能
等各领域给出评测标准和评测工具，并将企业能力定义为初始、可重复、可
定义、可管理、可优化五个级别。

目前，我国研究机构经常使用各类发展指数，如"中国地方政府开放
数据指数""中国大数据产业发展指数"等来衡量各区域或者各行业等特定
领域大数据的发展状态，进而得出全国特定领域大数据发展综合水平。2018
年，我国发布了"GB/36073—2018数据管理能力成熟度评估模型"标准，
用于评估数据管理能力。本报告中《面向政府管理的大数据管理成熟度模
型及指标体系》一文从大数据管理工作实践出发，提出政府数据管理成熟

度评价体系，并设置政府数据管理的战略规划、配套政策、组织结构、数据开放、人才资源 5 个一级指标，根据总分值给出评价的分级。

3. 数据安全保护是大数据应用持续发展的重要保障

随着大数据应用进一步与社会管理、实体经济深度融合，数据安全问题更加突出。我国大数据安全主要体现在政策法规尚不健全、隐私缺乏有效保护、大数据缺乏有效数据安全技术手段、没有建立有效的数据安全监管与评测等问题。

欧盟、美国等多个国家已经制定了专门的数据隐私保护法律。日本于2015 年大幅修订了《个人信息保护法》，并于 2017 年开始实施。欧盟在《数据保护指令》的基础上，制定了《通用数据保护条例》（GDPR），并于2018 年开始实施。此外，美国的《加州消费者隐私法案》（CCPA）、巴西的《通用数据保护条例》（LGPD）等也即将出台。以上法律均对数据的归属做了明确界定，对数据的采集、处理、流通、使用、存储等各项隐私保护做了详细规定，建立了完备的数据隐私保护法律框架。

为了加快网络安全法律法规建设的步伐，截至 2019 年，我国陆续出台了《中华人民共和国网络安全法》《网络产品和服务安全审查办法（试行）》《公共互联网网络安全突发事件应急预案》《个人信息和重要数据出境安全评估办法》等多项法律。但目前我国数据安全法律体系尚未形成，数据安全相关规定散列在《中华人民共和国保守国家秘密法》《中华人民共和国计算机信息系统安全保护条例》《消费者权益保护法》《刑法》和《民法》以及多个行业性、地方性法规之中。

从数据安全技术上看，开源技术难以满足大数据安全需求。因为 Hadoop的大数据计算技术早在设计之初就缺乏相应的安全机制，大数据业务的多样化以及数据体量难以实现精细化细粒度的数据管理和控制，对数据的流动与存储缺乏大规模数据加密机制与手段。这一方面需要利用商用技术手段满足眼下大数据安全需求；另一方面需要大力发展我国拥有自主产权的大数据安全产品技术，保障大数据应用安全。

4. 技术多样性是大数据应用持续发展的有效支撑

大数据应用覆盖面越广，对数据处理的要求越高，就越需要更多性能卓越的专业技术。随着大数据应用的深入，以 Hadoop 开源生态体系为代表的大数据开源生态发生了重要变化：其一，开源技术风起云涌，大数据技术更富生态性；其二，一些贴近行业应用的专业化细致工具出现；其三，互联网、物联网新技术大量涌现，并带来了大数据技术架构的演进。

自大数据作为计算机工程技术难题被提出以来，大数据的技术和理论一直在不断更迭。CAP 理论的限制（计算机分布式系统不能同时满足分区容错性、数据一致性和数据可用性）导致大数据没有统一完美的解决方案。而金融、工业、能源、互联网、新媒体、电商对于数据管理系统的要求千差万别，不同行业及业务对于大数据可靠性、数据系统的及时响应性、采用的数据模型均有不同的要求。由图1可以看出，大数据时代的数据管理技术呈现繁复多样的特点，大的技术演绎和迭代创新从未停止。随着不同的业务需求逐渐被提炼出来，不同解决方案的开源项目汇合起来，包括 Google、EMC、Amazon、Facebook、LinkedIn 等众多厂商参与其中，构建了以 Hadoop 为主的大数据开源技术生态体系①。数据模型中有图数据库、列式数据库、事件数据库、文档数据库、KV 数据库等，计算模型中有内存计算、流计算、MapReduce 集约计算、DAG 分布计算模型计算等，各种技术汇集成一个庞大的技术组合，众多技术组织相互竞争、相互依赖，形成繁荣的技术联邦。以开源为主体、多种技术与架构并存的大数据技术架构体系支撑着大数据应用的半壁江山。

以 Hadoop 1.0.0 为代表的大数据技术使人类拥有了存储和管理大数据的基本能力。随着大数据应用的深入，以 HDFS、HBase、MapReduce 为代表的老一代大数据技术因为运行效率低下、环境部署困难、运行场景单一，给开发者带来苦恼，面对复杂多样的应用需求显得越来越力不从心。越来越多的大数据开源项目开始考虑效率、兼容性、易用性、特定专业场景等问题。新一代大数据技术正在形成，与 HDFS 相比，由 IBM 提供的开源技术 GPFS 系统因具有更好的兼容性、更高的性能而得到青睐；流计算开源产品 Flink

---

① Hadoop 技术生态是指 Apache Hadoop 软件库的各种技术组件，以及由 Apache 软件基金会提供的技术附件和工具。

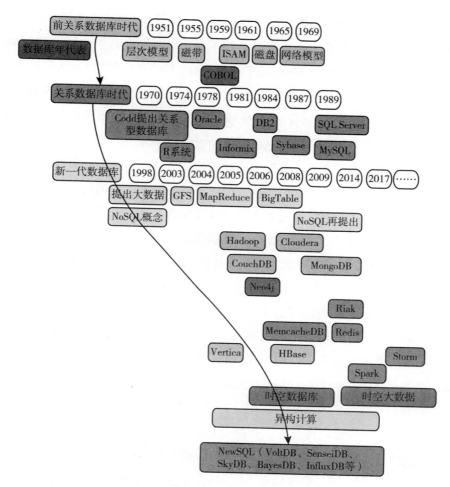

图1　主要数据库系统以及技术创新时间线

因为具有丰富的窗口计算功能、完善的内置状态、支持 CEP（Complex Event Processing，复杂事务处理）等特性，所以具备与 Spark、Storm 等主流技术相抗衡的能力。大数据技术也朝着专业化方向发展，例如，专门用于工业监控的时序数据库 OpenTSDB 针对多核 CPU、高效快速存储做了特殊优化的嵌入式大数据系统 RocksDB，以及专门用于溯源的事件数据库 EventStore，都在特定领域发挥着作用。此外，主流大数据技术厂商正努力在数据库的事务、索引、SQL 的兼容性等问题上狠下功夫。一些商用数据系统如 Kinetica（GPUdb）①、FusionInsight②、JimoDB③ 正致力于提供更优秀的技术解决方案。在开源大数据核心技术中，也可以看到中国团队的身影，华为的 CarbonData、淘宝的 Taobao File System、FastDFS 等项目加入了开源大军。百度、腾讯、阿里则着眼于人工智能，结合大数据技术推出优秀的开源项目，在国际比赛中取得了良好的成绩。开源技术深入化、场景化的发展为大数据应用提供了多样选择，为实体经济大数据实践提供了支撑。

新技术的发展带来了大数据架构技术的演进。数据湖是大数据厂商提出的概念，是指企业收集大量的数据，但在短时间内无法利用这些数据产生价值，就需要将原始的数据经过治理后有序地保管起来，未经过治理的数据被称为数据沼泽。随着我国积极推动政府信息共享，致力于打破"数据孤岛"，数据湖得以在政务数据大量应用并体现出应有的价值。2017 年底，天津率先启动数据湖建设项目，截至 2019 年，江苏、四川、山东等地数据湖项目纷纷启动，数据湖将在公共数据管理与共享中起到积极的作用。互联网、物联网、人工智能技术的发展也影响到大数据技术架构，5G 的发展推动了边缘计算、雾计算的应用，互联网业务的发展则推动了微服务技术的普及。随着实体经济大数据应用实践的深入，把业务后台从数据后台中独立出来的呼声越来越高，具体业务应用也更加轻量化，形成由大量数据汇集与管理的"后台"，涉及具体业务、数据处理的"中台"，更加轻微灵便的"前台"应用组成的新型大数据技术架构。新型大数据技术架构将更有效地应对数据资产管理，满足更多的中小实体经济的业务需求。

5. 复合型人才和大数据应用人才是大数据应用持续发展的关键要素

人才是引领发展的第一要素。早在 2013 年，各国就意识到大数据人才极度匮乏，开始加快数据科学学位人才和数学科学职业人才培养。2016 年，中

---

① 原名 GPUdb，是利用 GPU 加速的异构计算大数据系统，曾服务于美国陆军情报与安全服务部并提供实时跟踪国家安全威胁服务。Kinetica 公司于 2016 年创立，产品随之改名为 Kinetica，参见 https：//www.kinetica.com/about/。

② 华为的商用大数据技术产品。

③ 由苏州鼎晟网络发展有限公司提供的自主知识产权大数据产品，该公司由丁陈于 2009 年 1 月 15 日在苏州成立。

华人民共和国教育部批复设立"数据科学与大数据专业"（本科），课程设置以统计学、计算机科学为基础，兼讲授经济学、金融学、管理学等多学科领域知识，致力于培养与大数据相关的复合型人才。2018年，我国招收"数据科学与大数据专业"本科生16000人，截至2019年，全国共有479所大学开设了此专业（含新增备案196所）。以中国科学技术大学、复旦大学、北京大学为代表的高校纷纷成立了大数据学院，这些大数据学院在承担大数据领域相关研究任务的同时培养和输送了大批大数据高级技术人才。一些企业为培养大数据实践人才和满足自身人才需要，与高校合作成立大数据学院。例如，阿里巴巴大数据学院、科大讯飞大数据学院等培训机构为社会培养了大批大数据工程技术人才并提供工作实践场所。一些社会培训机构，如北大青鸟、51CTO、CDA数据分析研究院等开展大数据短期培训，输出大数据应用人才，解了大数据人才短缺的燃眉之急。高校、企业、社会教育机构相互协作，根据大数据长、中、短期人才需要，分别培养大数据高级技术人才、工程技术人才、应用人才，建成一支大数据人才队伍，大数据人才匮乏问题得到缓解。

2019年，我国从事大数据行业人员约有200万人，人才密布于特定行业和少数几个城市，互联网、通信、机器制造与金融行业汇集了全国85%的大数据相关人才，半数以上的大数据人才集中在北京、上海、深圳等城市。随着大数据向中国腹地渗透，大数据人才流入北京、上海、深圳的趋势逐渐放缓，流入杭州、西安、合肥的趋势明显上升。

当前，国家高度重视数字经济发展机遇，正在积极推进数字产业化、产业数字化，引导数字经济与实体经济深度融合，推动经济高质量发展的进程。大数据是数字经济的"原油"以及"动力"，正全面深入融合到社会管理和经济发展的各个方面。在此形势下，有必要进一步夯实大数据发展的各项基础工作，积极应对数字经济发展的各项挑战。九层之台，起于累土。我国大数据应用的法律、安全、政府治理、技术等基础需要进一步完善，跨领域、跨专业的复合型人才培养更是当下大数据发展的重中之重。

指　数　篇

Index Report

B.2

面向政府管理的大数据管理
成熟度模型及指标体系

耿焕同 *

摘　要：　大数据的快速发展和广泛应用，既为社会发展带来了极大的
　　　　便利，也深刻改变着政府的治理方式。政府作为社会变革的
　　　　引领者，必须深刻认识到大数据管理工作的重要性，组建大
　　　　数据管理专门机构，提供大数据管理保障措施，提升大数据
　　　　管理效能。为使社会能更清晰地了解地市级及以上行政区域
　　　　对大数据管理的现状和差异情况，我们将采用模型及指标体
　　　　系方式，对政府在大数据管理方面的成熟度进行评估。构建
　　　　面向政府管理的大数据管理成熟度模型及指标体系（Big Data

---

* 耿焕同，南京信息工程大学继续教育学院院长，教授，博士生导师，主要研究方向为人工智
能、气象信息技术等。

Management Maturity Index for Government，DMMI），旨在通过可量化的指标来评价当前各级政府对大数据治理以及实践的绩效，同时通过指标引领来提升政府在大数据管理方面的治理水平，从而提高区域的竞争力和大数据服务水平。DMMI指标体系主要面向地市级及以上行政区域的评价，设有战略规划、配套政策、组织结构、数据开放、人才资源5个一级指标，12个二级指标和26个监测点，力求做到对地区大数据管理及服务水平进行模型化，根据大数据管理成熟度总分值，将不同地市级行政区域的大数据管理成熟度分为单体应用、集成应用和深度融合3个不同的阶段。

关键词： 大数据管理 成熟度模型 指标体系 政府管理

引 言

2017年底，习近平总书记在中共中央政治局第二次集体学习时强调，"各级领导干部要加强学习，懂得大数据，用好大数据，增强利用数据推进各项工作的本领，不断提高对大数据发展规律的把握能力，使大数据在各项工作中发挥更大作用"。由此可见，加强大数据管理，是提升政府治理效率与质量的基本要求，政府应当有所作为。物联网、云计算、移动互联网以及大数据、人工智能等新一代信息技术的变革正加速推进全球产业分工深化和经济结构调整，形成以数据资源为关键生产要素的新型经济形态。一切与大数据的生成与集聚、管理与组织、分析与挖掘、服务与应用等相关的经济活动的集合，即大数据相关产业成为当今全球最有发展前景的战略性新兴产业之一。

数据是国家基础性战略资源，为贯彻和落实好党中央决策部署，全面推进我国大数据发展和应用，加快建设数据强国，做好顶层设计，《国务院关于印发促进大数据发展行动纲要的通知》、《促进大数据发展三年工作方案（2016～2018）》和《大数据产业发展规划（2016～2020年）》等大数据发展的系列文件先后出台。各省市为加快本地区大数据相关产业发展，纷纷设立专门的大数据管理部门。在大数据技术的冲击下，政府亟须落实大数据管理工作，在深刻认识大数据价值意义的基础上，主动推进配套设施建设，加快政府管理改革，出台相关政策，积极应对当前大数据带来的影响，加强大数据的全流程管理，充分发挥大数据的价值，提高大数据管理工作效率和管理水平。

为使政府和社会正确认识本区域大数据管理的现状和提高政府对大数据相关产业的管理水平，通过走访上海大数据中心和安徽省数据资源局等管理部门、专家访谈及广泛征求专家意见，笔者研制出"面向政府管理的大数据管理成熟度模型及指标体系"。本着简洁、易于操作的原则，本指标体系（DMMI）设有战略规划、配套政策、组织结构、数据开放、人才资源5个一级指标，12个二级指标和26个监测点，每个监测点又分为A、B和C3个标准等级，力求做到对地区大数据管服务水平进行模型化，根据大数据管理成熟度总分值，将不同地市级行政区域的大数据管理成熟度分为单体应用、集成应用和深度融合3个不同的阶段。加强对大数据的评估管理工作，通过指标引领和绩效评估必将全方位地提升政府对大数据管理的效能。

面向政府管理的大数据管理成熟度模型及指标体系（DMMI）

（Big Data Management Maturity Index for Government）

（5个一级指标、12个二级指标、26个监测点）

一级指标	二级指标	监测点	指标内涵	监测点权重	标准A（10分）	标准B（5分）	标准C（0分）
战略规划（15%）	战略目标（7%）	短期计划	年度内政府是否有详细、完善的大数据管理任务安排	4%	有详细可行的短期计划，至少具体到每个月	有明确的短期计划，但短期计划比较笼统，不够具体	没有明确的短期计划
		中长期规划	政府是否有一个中长期的大数据管理战略规划	3%	有大于3年的中长期规划，且内容翔实合理	有中长期规划，但规划比较笼统	没有系统的中长期规划
	实施效果（8%）	效益评估	对已经部署的战略规划及任务计划，是否定期进行全面效益评估	8%	有完善的落实情况过程跟踪和评估机制，定期进行效益评估，执行良好	有落实情况过程跟踪和评估机制，进行过效益评估，执行一般	没有落实情况过程跟踪和评估机制，未进行效益评估
配套政策（25%）	数据保护（10%）	数据版权保护	具有根据《著作权法》和《知识产权法》等相关法律法规对企业数据版权进行保护的能力	5%	可同时对大数据管理中存储、分析和处理阶段进行保护	仅对大数据管理中存储进行保护，未对大数据分析和处理阶段进行保护	未对大数据管理的主要阶段进行保护
	信息安全保护（10%）	信息安全保护	对窃取信息数据等违法行为的惩处制度建设情况及信息保护落实情况	5%	有相对完整的信息保护法规，定期督查和不定期开展信息保护专项行动	有对窃取信息数据等违法行为的惩处制度，但条例不够详细且执行一般	没有对窃取信息数据等违法行为的惩处制度
	政策投资（15%）	产业政策	考查扶持大数据相关产业发展的优惠政策（如减税免税、贷款优惠等）及执行情况	3%	扶持大数据相关产业发展的优惠政策不低于5项，且执行良好	扶持大数据相关产业发展的优惠政策不低于3项，且执行一般	扶持大数据相关政策低于3项，执行差

续表

一级指标	二级指标	监测点	指标内涵	监测点权重	标准A（10分）	标准B（5分）	标准C（0分）
		人才政策	支持大数据相关专业人才的政策制定（如优先落户人才专项补贴等）及执行情况	3%	对专科、本科、硕士及以上的大数据相关专业人才进行专项补贴目力度大，其他配套优惠政策健全目执行良好	对专科、本科、硕士及以上的大数据相关专业人才进行专项补贴但力度小，其他配套优惠政策不健全，执行一般	没有制定大数据相关专业人才的专项补贴和其他配套优惠政策
		数字设施	大数据应用相关产业聚集区建设情况及成效	5%	拥有省级及以上大数据综合试验区，建成大型大数据应用相关产业聚集区，商业配套设施完善，建设成效显著	拥有小型大数据应用相关产业聚集区，入驻企业数量少目规模小，未形成集群效应，商业配套设施不够完善，建设成效一般	无专门的大数据应用相关产业聚集区
		数字经济	数字经济在地方生产总值中的占比情况	4%	不低于25%	不低于15%且低于25%	低于15%
组织结构（20%）	专门管理机构（8%）	机构设置	根据政府项目大数据管理需要，专门设立相应级别高	4%	政府设有专门的大数据管理部门，有编制目管理级别高	属于部门内设机构或由其他部门代管大数据管理业务	没有设立大数据管理机构或部门
		其他部门协同效率	政府各部门共享信息资源的能力和效率	4%	政府统一建有大数据共享机制，信息属于主动共享，政府建有跨部门数据实时共享中心	部门间大数据有共享机制，但信息属于被动共享，部门间共享信息需要采用"申请与复用"方式	部门间大数据未建共享机制，需更新一级领导的协调实现共享
	专业管理队伍建设（7%）	大数据发展智库	大数据战略发展高端智库、大数据相关产业发展专家咨询委员会等建设情况	3%	政府建有大数据战略发展高端智库，并成立大数据相关产业发展专家咨询委员会，专家充足且高端化，定期开展咨询活动	政府已成立大数据相关产业发展专家咨询委员会，专家有限且层次一般，开展咨询活动较少	政府尚未成立大数据相关产业发展专家咨询委员会

续表

一级指标	二级指标	监测点	指标内涵	监测点权重	标准A（10分）	标准B（5分）	标准C（0分）
	管理文化（5%）	管理人员素质	管理人员大数据相关专业学历背景，以及大数据相关知识培训情况	4%	大数据管理部门中职员拥有大数据相关专业背景占比不低于50%，经常参加大数据相关知识培训	大数据管理部门中职员拥有大数据相关专业背景占比不低于20%且低于50%，参加过大数据相关知识培训	大数据管理部门中职员拥有大数据相关专业背景占比低于20%，未参加过大数据相关知识培训
		宣传能力	关于大数据相关产业发展方面的宣传渠道、覆盖面等	3%	拥有微博、微信公众号、报纸期刊、电视节目和蓝皮书等宣传渠道不低于4种	拥有微博、微信公众号、报纸期刊、电视节目和蓝皮书等宣传渠道不低于2种且低于4种	拥有微博、微信公众号、报纸期刊、电视节目和蓝皮书等宣传渠道低于2种
		关注热度	政府关于大数据管理与相关产业发展方面的会议、新闻动态预频率等	2%	每月开展1次及以上大数据相关的研讨会、内部培训，集中学习和科普讲座等活动	每季度开展1次及以上大数据相关的研讨会、内部培训，集中学习和科普讲座等活动	日常管理比较松散，无法保证及时追踪国内外大数据管理与相关产业发展情况
数据开放（25%）	财政公开（7%）	预算公开	政府支持大数据产业发展的预算公开情况	7%	能提供各阶段详细准确的政府支持大数据产业发展的各大项及子项预算情况	能提供年度的政府支持大数据产业发展的预算情况，但较为笼统	不能提供政府支持大数据相关产业发展的预算情况
	公众参与（8%）	透明度	对管理过程信息的可见性和透明度	2%	用户间可查阅咨询的问题，也可以查看政府对答询内容的回复情况	用户间可查阅咨询的问题，但无法查看政府对答询内容的回复情况	用户间不能查阅咨询的问题，也无法看政府对答询内容的回复情况
		群众满意度	群众对回复的满意度	3%	80%及以上的用户对回复的内容满意	60%及以上且低于80%的用户对回复的内容满意	60%以下的用户对回复内容满意，或系统不具备打分功能
		工作时效性	用户从提交咨询到得到有效回复等待的平均时间	3%	用户提交咨询可在5个工作日内得到有效回复	用户提交咨询可在高于5个工作日且不高于10个工作日内得到有效回复	用户提交咨询平均等待高于10个工作日有效回复

续表

一级指标	二级指标	监测点	指标内涵	监测点权重	标准A(10分)	标准B(5分)	标准C(0分)
	规模和丰富度（10%）	共享数据集规模	服务于大数据相关产业发展的共享数据集规模	4%	共享数据集中拥有3000个及以上数据资源项目	共享数据集中拥有不低于2000个且低于3000个数据资源项目	共享数据集中有低于2000个数据资源项目
		部门数量	共享数据集覆盖的部门数量	3%	覆盖部门数量不低于50个	覆盖部门数量不低于30个且低于50个	覆盖部门数量低于30个
		主题数量	大数据应用主题场景的丰富度	3%	主题场景数量不低于20个	主题场景数量不低于10个且低于20个	主题场景数量低于10个
人才资源（15%）	人才储备（7%）	高校规模	开设大数据相关专业的专科和本科学校的数量	4%	不低于10所	不低于5所且低于10所	低于5所
		学生规模	大数据相关专业专科、本科及以上在校学生规模	3%	在校学生不低于3000人	在校学生不低于1500人且低于3000人	在校学生低于1500人
	人才层次（8%）	学历层次	大数据相关产业从业人员学历层次情况	4%	大数据相关产业从业人员学历是本科及以上比例不低于70%	大数据相关产业从业人员学历是本科及以上比例不低于40%且低于70%	大数据相关产业从业人员学历是本科及以上比例低于40%
		培训力度	大数据相关产业从业人员培训情况	4%	大数据相关产业从业人员3年内接受过培训的比例不低于80%	大数据相关产业从业人员3年内接受过培训的比例不低于50%且低于80%	大数据相关产业从业人员3年内接受过培训的比例低于50%

注：
1. 适用对象
(1) 地市级行政区域；
(2) 省级行政区域。

续表

2. 排名分类

结合大数据管理服务水平层次，根据面向政府管理的大数据管理成熟度总分值，将不同地市级行政区域的大数据管理成熟度分为 3 个阶段。具体如下：

（1）总分高于 85 分（含）为深度融合阶段；

（2）总分介于 70 分（含）至 85 分之间为集成应用阶段；

（3）总分低于 70 分为单体应用阶段。

3. 主要名词

（1）大数据管理：政府在深刻认识大数据价值意义的基础上，主动推进配套设施建设，加快政府管理改革，出台相关政策，积极应对当前大数据带来的影响，加强大数据的全流程管理，充分发挥大数据的价值，管理与集聚、管理与组织、分析与应用等相关的经济活动的集合。大数据相关产业成为当今全球最有发展前景的战略性新兴产业之一。

（2）大数据相关产业：一切与大数据的生成与集聚、服务与挖掘，以及大数据、人工智能等新一代信息技术的变革正加速推进全球产业分工深化和经济结构调整，形成以数字经济：物联网、云计算、移动互联网以及大数据、人工智能等新一代信息技术的变革正加速推进全球产业分工深化和经济结构调整，形成以数据资源为关键生产要素的新型经济形态。

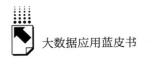
参考文献

［1］ 李见恩：《政府怎样加强大数据管理》，《人民论坛》2018 年第 12 期，第 82 ~ 83 页。

［2］ 李媛、刘国伟：《大数据时代政府数据管理政策研究及建议》，《信息安全研究》2019 年第 5 期，第 388 ~ 393 页。

［3］ 《数据管理能力成熟度评估模型》，中华人民共和国国家标准，GB/T 36073 - 2018。

［4］ 吴志刚、廖昕、朱胜等：《政务大数据成熟度模型研究与应用》，《中国科技产业》2016 年第 8 期，第 77 ~ 80 页。

［5］ 张宇杰、安小米、张国庆：《政府大数据治理的成熟度评测指标体系构建》，《情报资料工作》2018 年第 1 期，第 28 ~ 32 页。

［6］ 范灵俊、洪学海、黄晁等：《政府大数据治理的挑战及对策》，《大数据》2016 年第 2 期，第 27 ~ 38 页。

［7］ 李冰、宾军志：《数据管理能力成熟度模型》，《大数据》2017 年第 4 期，第 35 ~ 42 页。

［8］ 中国电子信息产业发展研究院：《中国大数据产业发展水平评估报告（2018 年）》，https：//www. innovation4. cn/library/r24386。

［9］ Aiken P. , Allen M. D. , Parker B. , et al. , "Measuring Data Management Practice Maturity: A Community," *Computer*, 2007（40）: 42 - 50.

［10］ Smallwood R. F. , *Information Governance: Concepts, Strategies and Best Practices*, Hoboken, NJ: John Wiley & Sons, 2014.

［11］ "Data Governance Part Ⅱ: Maturity Models—A Path to Progress," http: //www. docin. com/p - 978629039 - f2. html USA.

热 点 篇

Hot Topics

B.3
能源的平台化趋势与大数据治理

周健奇*

摘 要: 新能源成为增长最快的能源种类，并很可能是未来的主力电源之一。新能源中发展最快的是分布式新能源，主要包括分布式光伏、分布式风电。氢燃料电池和锂电池等移动储能技术属于分布式新能源技术的一类，被全球公认为是未来能源技术创新的关键突破口，将对未来能源格局产生深远影响。分布式新能源主要应用于电力领域。分散的电力消费者可以在屋顶、院落、田间等闲置空间安装光伏或风力发电系统，并因此成为电力的生产消费者。这种与生俱来的生产消费者优势正在推动能源产业平台化发展，并将产生能源平台新生

* 周健奇，研究员，现任国务院发展研究中心企业研究所企业评价研究室主任，主要从事平台的网络化发展、中国企业创新能力、企业战略管理等领域研究，长期跟踪的传统行业包括能源、钢铁等，自2016年以来研究的新兴行业包括分布式光伏、集成电路等。

态。促进能源平台化发展是顺应新一轮科技革命和产业变革、加快能源转型和能源新经济发展的内在要求。在能源平台化发展过程中我国面临诸多大数据治理挑战，主要体现为完整的能源数据链尚未形成、能源平台的数据价值尚未充分释放以及能源平台化的数据治理模式亟须创新。建议尽快启动能源平台大数据治理的顶层设计，同时补齐能源平台数据治理的短板。要提升新能源全球竞争力，并减少改革的阻力，可从光伏云等分布式新能源平台的数据治理切入，以增量发展带动存量的升级与创新。

关键词： 能源平台化　分布式新能源　数据治理

　　新能源的快速发展带动能源产业呈现出平台化的发展趋势。新能源是相对于传统能源而言的，是指新兴的可再生清洁能源，主要用于发电。新能源技术可分为两个方向。其一是不受资源禀赋限制的天然可再生资源发电技术，主要是指太阳能发电和风能发电。太阳能和风能是无处不在的天然可再生资源，取之不尽，且随取随用。对不同地区而言，太阳能和风能只有光照条件和风力条件的差别，没有禀赋差别。其二是不以自然资源为载体的电力存储技术，即储能技术，如氢燃料电池和锂电池储能等①。这类技术是以广泛存在的氢以及普通的锂合金等非自然资源为载体，建储能电池加工厂，为电池充电。在数字技术快速发展的今天，无处不在的新能源呈现出数字平台化的发展趋势。

一　分布式新能源较快成长

　　近年来，新能源技术崛起，已经成为增长最快的能源种类，并很可能是

---

　　①　从市场成熟度分析，本报告没有将核能发电列为新兴的清洁能源。

未来的主力电源之一。人类开发利用能源始终依靠技术创新。但不论是钻木取火、化石能源、水力发电、海洋能转化、地热能提取，还是近10年发展起来的非常规油气资源开采等，都是以存在于某个区域的自然资源为载体的能源技术创新。由于这些自然资源在全球的分布并不均匀，因此各地对能源的开发利用主要是基于资源禀赋，能源技术在相当长的时间内是把资源转化为能源的手段。但现在，基于资源禀赋的能源观正在改变①。新能源技术载体可以是无处不在的太阳能和风能，还可以是氢、锂等非自然资源。技术创新转移了全球对自然资源储量的注意力，人们最关注的已经不再是在什么地方发现了能源资源，而是哪类新能源技术又有了新的突破。所谓的新能源只是相对于早已实现规模经济化开发利用的天然气、水力、核电等清洁能源而言，其中太阳能发电和风能发电技术研究起步早，但真正的市场化应用是在21世纪之后；储能技术至今仍在探索之中，虽然尚不具备规模经济性，但根据目前技术发展现状，取得重大突破指日可待。储能技术已经被全球公认为是未来能源技术创新的关键突破口，与太阳能发电、风力发电以及电动汽车等新能源技术相结合，将对未来能源格局产生深远影响。

● 根据英国石油公司（BP）发布的《世界能源统计年鉴（2019）》：2018年，一次能源消费增长2.9%。其中全球石油、天然气、煤炭、水电、核电消费增速分别是1.5%、5.3%、1.4%、3.1%、2.4%，但可再生能源消费增速高达14.5%，光伏发电和风电贡献率超过80%。

● 2018年，全球煤电、水电、核电、风电新增装机容量分别为19.2GW、21.8GW、7.1GW、51.3GW②。全球风电新增装机容量超过50GW，光伏发电新增装机容量超过104GW，仅光伏发电新增装机容量就超

---

① 周健奇：《从基于资源禀赋的能源战略向技术驱动型能源战略转变》，载国务院发展研究中心《调查研究报告》（2018年第202号），http：//www.drc.gov.cn/n/20181123/1-224-2897414.htm。

② 数据来源于全球煤电厂追踪、国际水电协会、世界核协会、彭博新能源财经、全球风能理事（GWEC）、欧洲太阳能协会（SolarPower Europe）等机构数据。

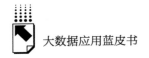

过了以上几类传统电源新增装机容量之和。

● 根据《BP世界能源展望（2019）》：到2040年，世界能源供应增量的一半将来自可再生能源，届时可再生能源将成为最大的电力来源。

● 根据中关村储能产业技术联盟（CNESA）的不完全统计：截至2018年12月底，全球已投运储能项目的累计装机规模同比增长3%。其中，抽水蓄能的累计装机规模同比增长1.0%，电化学储能①累计装机规模同比增长121%，熔融盐储热累计装机规模同比增长8%。

● 根据国际氢能源委员会联合麦肯锡管理咨询公司在2017年发布的报告：预计到2050年，氢能源需求将是目前的10倍，氢能源消费量的全球占比将达到20%左右。

新能源主要用于发电，可分为集中式和分布式两类。集中式的发电主体是集中式光伏电站和集中式风电站，与火电厂、水电厂等一样位于电力产业链的上游，属于电力生产侧，具有生产规模效应。分布式的发电主体是分散的消费者，如住户、工商业和公共事业单位等，其利用屋顶、院落等闲置资源安装相对小规模的光伏发电和风电系统，使位于电力产业链下游的消费者同时成为电力的生产者。全球分布式可再生能源的增速要高于可再生能源的平均增长水平，我国分布式新能源也保持了较快发展速度，目前，在新能源中是发展最快的。

● 根据美国市场研究机构Navigant Research发布的全球分布式能源（DER）技术报告：2017年，全球分布式能源新增装机容量约为132.4GW。照此计算，当年全球分布式能源新增装机容量的同比增速超过10%，明显高于能源新增装机容量的平均增速，也高于全球可再生能源新增装机容量的增速8.3%。

● 根据国际市场研究机构Technavio发布的可再生能源分布式发电技术报告（RDEG）：2019年，全球分布式可再生能源市场的同比增速预计为18.83%。2019~2023年，全球分布式可再生能源市场的年复合增长率预计

---

① 电化学储能主要包括锂离子电池、钠硫电池、铅酸电池、液流电池、超级电容等。

达到 21%。分布式可再生能源包括分布式光伏，分布式风电，燃料电池以及天然气冷、热、电三联供等，但增量主要来自分布式光伏、分布式风电和燃料电池。Technavio 预计，太阳能光伏产业将在预测期内占据 RDEG 市场的最大份额。

● 我国分布式新能源也保持了较快的增长速度。根据国家能源局公布的数据：2018 年，我国光伏新增装机容量在政策调整的影响下同比下降 18%。其中，集中式同比下滑 31%，但分布式仍然实现了 5% 的增长。截至 2019 年 8 月底，我国全年分布式户用光伏指标的 80% 已经完成。近两年，我国分散式（分布式）风电也在较快成长，新增装机容量的同比增速超过 100%。

二 分布式新能源引领能源产业平台化发展

（一）分布式新能源的消费者可以成为生产消费者

生产消费者[①]的优势是新能源与生俱来的优势。新能源主要用于发电。传统电源只能集中生产和输送，这就决定了其产能必须达到一定规模才具有经济性。与之相比，分布式发电系统比较"迷你"，可根据消费者实际需求、经济实力以及载体面积来进行个性化集成和安装。消费者自己生产电力，成为生产消费者。生产消费者虽然分散，但通过电网相连同样可以释放规模经济。

新能源的生产消费者优势主要通过分布式实现。集中式新能源发电的生产和消费模式与传统电站一致，通过大面积的安装系统集中将新能源转换为电能，再将电能经过高电压等级的电网集中输送至消费地。因此，集中式新能源电站与传统电站一样具备生产规模效应。但分布式发电则不

---

① 生产消费者（Prosumer）的概念由美国阿尔温·托夫勒在 1980 年出版的《第三次浪潮》中首先提出，该概念浓缩了生产者（Producer）和消费者（Consumer）的概念，指在不改变消费者身份的同时参与所消费产品与服务的生产并从中获益。

然。分散的电力消费者由于在屋顶、院落、田间等闲置空间安装了光伏或风力发电系统，可以独立生产电力，并因此成为电力的生产消费者（见图1）。

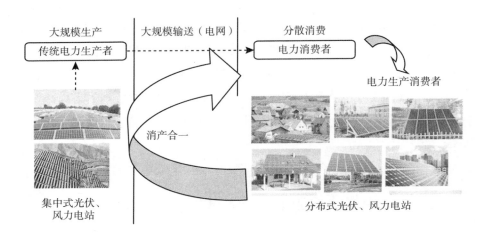

图1　分布式光伏发电的生产消费者的特性

（二）新能源依托消产合一优势正在呈现数字平台化发展趋势

平台模式起步于20世纪90年代，随着数字经济时代的到来而在近10年得到快速发展，成为很多产业在新时代的新模式。平台模式的核心是网络化运营，为包括下游消费客户、相关服务商、上游生产制造商以及协会等各类社会组织之间的连接与互动提供载体，将越来越多、越来越丰富的资源集结在平台载体之上，因而该模式具有网络的无边界效应。运营平台的企业只提供平台服务，并不参与平台上集结的资源之间的连接与互动。能源平台是平台的一种，近年来受到广泛关注。简而言之，能源平台是运用数字技术建立起来的，同时面向B端和C端开放，为客户的连接与互动提供服务的双边或多边能源市场①。

第一，能源平台是新兴业态，不同于我国能源领域已有的具有网络架构的能源服务组织。已有的具有网络架构的能源服务组织中，最典型的就是电网和油气管网。如果电网和油气管网拥有的客户包括 B 端和 C 端，并且不参与客户的连接与互动，那么就属于能源平台。不符合条件的平台仅为网络化平台，如电网虽然服务于 B 端和 C 端，但要先从电力生产企业买电，然后向消费客户出售。油气管网没有面向 C 端的服务，也存在买进、卖出的交易业务。因此，我国的电网管网和油气管网虽然拥有了网络化架构，却只是赚取能源差价的"管道型"（Pipeline）平台组织。依托"管道型"平台形成的能源市场是单边市场，属于传统的能源经济范畴②。另一类具有网络架构的能源服务组织是煤炭交易中心，该中心也只面向 B 端客户服务，因此同样不属于能源平台。煤炭交易中心是在短缺经济时代产生的新型流通服务组织，最初的设计功能是让客户通过市场化的透明方式，以合适的价格买到煤炭。不论如何演进，煤炭交易中心的平台客户和补足品仅包括 B 端，因此只能称之为网络化的平台。

第二，能源平台有三类重要的利益相关方。第一类，主导平台建设和运营的企业，可称之为平台企业。第二类，在平台上开展业务的客户。其中，付费或免费使用平台的客户是平台客户，丰富平台服务功能的客户是补足品客户③。前者同时包括 B 端和 C 端，后者与平台企业合作共同为平台客户提供平台服务。第三类，平台规制的主要合作者。平台的规制是三层架构的新体系：基层是平台企业的自我规制，中间层是平台运营的合作治理，上层是政府监管。因此，平台规制的主要合作者包括平台企业、平台运营的重要相关方和相关政府部门。其中，平台运营的重要相关方包括参与平台运营的经

① 周健奇：《平台促进能源发展的思路与建议》，载国务院发展研究中心《调查研究报告》（2019 年第 136 号），http://www.drc.gov.cn/n/20190815/1-224-2899144.htm。

② 芮明杰等：《平台经济：趋势与战略》，上海财经大学出版社，2018；刘霞、王云龙：《双边市场及平台理论文献综述》，《南都学坛》（人文社会科学学报）2018 年第 5 期。

③ 钱平凡、钱鹏展：《平台生态系统发展精要与政策含义》，《重庆理工大学学报》2017 年第 2 期。

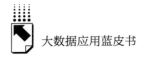

济主体以及协会等重要的社会主体。

第三，能源平台拥有无限的网络空间，本质是一个新生态，包括企业、机构和个人在内的平台客户、补足品客户是能源平台的节点资源。节点资源通过平台提供的服务与其他节点资源建立连接与互动关系，并吸引更多的节点资源加入。众多的节点资源之间的连接与互动共同构建起能源平台的网络空间，并随着网络的扩张效应会不断得到强化。动态、丰富而多样的平台生态也在越来越多的客户连接与互动中形成。

能源平台是在分布式新能源市场大规模发展的新时代背景下的能源市场发展新趋势。以光伏，风能和氢、锂等移动能源为代表的分布式新能源的崛起正在对能源经济产生深远影响。这类分布式新能源可以在任何符合条件的地方开展生产，消费者也可以是生产者。一类被称为生产消费者的新能源种群①应运而生，其对传统电力体系的影响越来越大。最先受到影响的是电网，其不仅要应对分布式能源上网对电网承载力和调度的影响，还要适应生产消费者的电力生产和消费需求。在电源结构多元化背景下，电力技术与数字技术结合，孕育出以智能电网为重点的能源互联网以及面向分布式光伏客户的光伏云。其中，能源互联网是融合了传统能源和新能源的能源平台，将成为工业互联网的重要组成部分。杰里米·里夫金在《第三次工业革命》中首次提到"能源互联网"，并将其定义为，以新能源技术和信息技术的深入结合为特征的一种新的能源利用体系。光伏云是由国家电网公司主导建设的，专门服务于分布式光伏客户的综合服务平台。光伏云客户涵盖了国家电网经营区域的所有分布式光伏上网客户。能源互联网和光伏云均是由分布式能源的快速发展启动的，具有能源平台的典型特征。未来的能源互联网将因分布式能源的加入而包括 B 端和 C 端两类客户。平台企业仅提供平台服务，不参与客户的连接与互动。光伏云依托现有电网构建，也不参与交易，只是为 B 端和 C 端的生产消费者提供平台服务。

---

① 钱平凡：《大力发展分布式光伏经济　培育壮大高质量发展新动能》，载国务院发展研究中心《调查研究报告》（2019 年第 145 号），http：//www.drc.gov.cn/xsyzcfx/20190830/4 - 4 - 2899253.htm。

三 能源在平台化发展过程中面临大数据治理挑战

（一）完整的能源数据链尚未形成

在能源的平台化趋势下，能源数据源更为丰富，数据流更为活跃，数据网更为密集。人们对于能源大数据的意义已达成共识，因此我们对能源数据的分析应立足于能源的流通领域。能源供应链网络与其他供应链网络一样拥有四流，分别是商流、物流、资金流和信息流。能源数据即属于能源信息流管理范畴。如果没有分布式新能源，能源信息流主要是在各类电厂和各类用户之间双向传递。电网则是能源数据流动的物理载体，电网企业可以对能源数据进行集成管理。在电力从电厂经由物力电网传送至企事业单位和千家万户的同时，电力生产、供应和消费数据也在电网流通端大量聚集，形成了能源大数据。分布式电源的快速发展给能源大数据带来了三个变化。一是数据源更为丰富。原来分散存在的消费客户可以利用光伏和风能发电系统生产电力，还可以利用储能电池成为移动的生产消费者。能源库存也因储能电池的产生而更趋复杂。这样，电力数据源就在电厂生产源、客户消费源、电网传输源、电煤和水库等库存源的基础上多了固定生产消费源、移动生产消费源、固定电力库存源和移动电力库存源，甚至在实际应用场景中还会产生新的数据源。二是数据流更为活跃。由于有了分散电源、移动电源的加入，电力数据的产生将趋于活跃。电力消费者不再拥有固定的购电渠道，尤其是居民用户以及中小工业、商业、社会事业用户很可能将不再以向电网购电作为主要的电力来源渠道，而是可以自己生产电力，可以向能源互联网、光伏云等电网平台上的所有卖方买电，也可以卖电。电力交易可以在各类生产和消费者之间实时、双向进行。三是数据网更为密集。因为随着数据源的不断丰富和数据流的逐渐活跃，以数据源为点，以数据流为线的能源数据网会呈现密集化的趋势。理想状态是，数据流可以在所有的数据源之间实时、双向流动，电力交易方根据交易规则、经济性原则自主交易。电网只是为参与交易

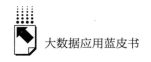

的买方、卖方和相关服务方提供服务的能源平台。

目前的能源数据架构是在化石能源体系下建立的，还没有形成能够满足能源平台化需求的完整能源数据链。能源数据源更为丰富的根本原因是由于新能源技术的发展，光伏发电、风电、储能设备加入电力体系，电源日益多元化。目前的能源数据架构是在化石能源体系下构建起来的，虽然也在不断地优化，可以接纳分布式能源的加入，但已经滞后于能源平台化的发展。能源数据链不完善问题会随着分布式新能源的较快发展而表现得越来越突出。

第一，分布式光伏、分布式风电上网没有问题，但还无法实现网络化的互联互通。例如，电力交易做不到用户与用户之间实时、双向交易，而只能是用户与电网之间实时、双向交易。这也是管道型电网的特点。

第二，连接电力数据源的网线不完善。在分布式的、移动的新能源普及的场景下，电力信息流的传递需要的不仅是电网的物理架构，还包括看不见的能源互联网。目前电力数据网不完善，显然不能满足未来的需求。随着科学技术的进步，这一天不会太久。

第三，电力数据网络的集成能力不足。电力数据链是能源数据链的重要组成部分，虽然称之为"链"，其实是一张"网"，称之为"网链"更合适。未来的能源数据网链将汇集丰富的、密集的实时、双向传输数据，需要及时集成处理。网链打通后，集成能力也要随之迅速提升，否则将造成能源数据链的低效与浪费。

第四，电力数据与煤炭、油气等其他主要能源数据缺少协同性。除了电力数据外，煤炭数据、油气数据等对我国的能源安全同样非常重要。目前的情况是，不同种类的能源数据还没有打破行业界限，相同种类的不同数据节点的能源数据也没有打破管理界限，缺少统一的能源平台进行实时的集成分析。

（二）能源平台的数据价值未充分释放

未来的能源平台是汇集各类能源数据、不同数据源数据的数字平台，具备较为完善的数据管理功能，可以按能源种类划分为不同的模块，如电力数据模块、煤炭数据模块、油气数据模块等。我们要在平台化的发展过程中不断探索能源平台的数据价值，具体包括四个方面。

第一，能源供需预测与预警服务。及时获取能源市场波动信息，预测中短期内能源整体供需结构和不同种类、不同行业能源供需结构，并对可能发生的较大波动给出预警信号。

第二，能源平台服务。同时面向能源供给侧和消费侧，但并非直接参与市场的能源交易，而是构建提升能源供给侧和消费侧效益的平台，以平台集结各类服务资源，由各类服务资源为能源生产者、消费者、生产消费者提供与交易相关的服务，包括能源应急调配、交易匹配、交易开展、结算、信用保障、输运与库存、资金流管理、信息流管理等基础服务，以及为能源供应方提供涵盖生产和流通的优化供给方案，为能源消费客户提供绿色能源消费解决方案等。

第三，网络的软硬件服务。由于能源平台是数字技术与电力技术相结合的产物，拥有网络化的组织架构，因此网络服务是能源数据价值的具体体现，包括互联网、电网的软件与硬件服务。

第四，能源安全服务。综合能源数据的集成分析，依托平台的资源优化配置能力，确保能源供给安全。

我国能源产业已经呈现出平台化趋势，以管道型为主的电网因分布式新能源的加入而具备向电力平台转型的基础，已经起步的能源互联网和发展较好的光伏云属于典型的能源平台，但能源平台在运营中还存在以下问题。

第一，基于数据集成分析的能源供需预测和预警服务不到位。对能源再电气化的预估不足，未能判断好我国电力需求的增长态势和分布式电源的市场需求；对我国能源结构优化目标科学制定的支撑不足，未能更好地提出一些传统能源需求减量化的市场预警；对能源市场的短期波动缺少科学预测方法，未能有效利用大数据对能源市场的微观主体形成有力的信息引导。

第二，基于数据集成分析的能源平台服务缺失。电网、油气管网尚未转型为电力平台和油气平台，已发展多年的煤炭交易中心也不是煤炭平台，能源互联网刚刚起步，光伏云还无法实现数据源之间实时、双向的数据传递。

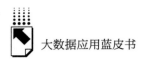

因此，我国的能源产业虽然已经呈现出平台化的发展趋势，但能源平台并未真正形成，平台服务存在较多缺失。目前，能够将不同种类的能源模块集成为一体的能源平台还未出现，不同模块仅有一些基础服务功能，平台对分布式新能源数据的开放度不够，平台面向生产者和消费者的数据延伸服务缺失。

第三，网络的软硬件服务还不能支撑能源平台发展。同样是由于我国还没有建立起统一的能源平台，能源数据一张网并未形成，因此平台网络的软硬件服务只是停留在不同能源模块独立发展的阶段，并不能满足能源平台的服务需求。

（三）能源平台化的数据治理模式较为传统

能源平台是一种新型的组织形态，汇聚了海量的能源数据，需要构建不同于传统能源数据治理的全新治理模式，治理的主体包括政府、能源平台企业和能源平台运营参与方。能源平台由平台企业构建和运营，所有参与平台的数据源都是大大小小的企业或机构，它们共同组成了能源平台新生态。在这样一个平台生态网络中，政府拥有绝对的权威，不仅要治理能源平台企业，还要治理能源平台生态。

能源平台企业面向一个服务细分领域，设计出智能化的服务软件，集结企业、机构和个人在软件界面登录从而成为平台的一个数据源。数据源通过软件提供的服务功能与其他数据源建立连接与互动关系，并吸引更多的数据源加入，从而构建起一张突破企业界限的平台服务网。能源平台企业通过标准制定和网络维护来运营服务网络。企业有清晰的界限，网络没有边界。能源平台企业通过有限的企业资源来配置无限的网络资源。但网络的运营必须遵循一定的规则，这就是网络制度，包括准入制度、利益分配制度、激励制度、约束制度等。同时，能源平台企业还要维持软件系统的正常运转，包括配置和维护相关软件正常运转的硬件系统。所有参与能源平台的数据源都遵循政府和能源平台企业的统一规则，实现生态自治。

我国的能源平台还在孕育之中，平台数据治理模式还未形成。第一，政府对平台服务商以及平台补足品客户的流通服务治理制度还没有出台，类似新能源行业流通协会之类的社会组织还没有出现，而政府和协会等社会组织是平台治理不可缺少的主体。第二，能源平台生态是能源经济的增量，现有的数据治理针对的是存量能源经济，不适应能源平台新生态。分布式新能源主要应用于电力领域，数据治理的问题也集中于此。电力体制改革是一个老生常谈的问题，至今为止并没有取得较大突破，不利于以分布式光伏为代表的新兴电源的发展。以前谈电力体制改革，主要是围绕火电系统展开。因为火电是主力电源，但改内部很难取得实质性进展。以分布式光伏为代表的新兴电源快速发展之后，不仅对传统电源的市场产生了较大影响，也开始凭借市场的力量冲击传统的电力体制。目前的阻力仍然很大，矛盾主要集中在交易和电网两个方面。概括而言，目前的发电、输电、配电、用电路径是生产者导向下形成的。新兴能源让生产者成为生产消费者，那么原有的电力数据的流动路径就显得不合时宜了，并且浪费了社会的整体资源。第三，在我国数据管理体制下，能源数据分属于不同的部门、机构和企业，难以集成利用，不利于能源平台新经济的发展，这对能源平台的基础架构"能源云"的发展影响最大。煤炭、油气、传统电源、新电源虽然有统一的管理部分，但分属于不同的管理体系，数据也在条块管理体制下被分散在不同的管理部门。

四 把握新能源平台化趋势，加强能源大数据治理的建议

能源产业的平台化发展将产生能源平台新生态。新生态是一种网络化的架构，是以技术为支撑形成的，具有能源大数据的基因。能源平台网络中的数据流本身也是宝贵的网络资源，可以创造经济价值和社会价值。促进能源平台发展是顺应新一轮科技革命和产业变革，加强能源转型和促进能源新经济发展的内在要求。我国是世界能源生产大国和消费大国，亟须弥补能源数据服务短板，这是社会分工服务的需要，也是保障能源安全的必然之举。

（一）启动能源平台大数据治理的顶层设计

准确把握能源产业的平台化发展趋势，优化电网、油气管网、煤炭交易中心等平台组织的能源数据资源，培育综合能源平台。

第一，借助本轮电力、油气体制改革的契机，将电网和油气管网升级为双边或多边能源平台。将电网和油气管网从一体化体制下的单边市场服务商升级为双边或多边能源平台服务商，使之成为为 B 端和 C 端客户的连接与互动提供专业服务的媒介和载体。

第二，形成多元共建能源平台的机制。能源平台可从不同细分服务切入发展为多种类型，需要多领域新技术的融合支撑，提供丰富、专业、智能的平台服务，涵盖多种类的能源产品，未来的能源平台很可能逐步成为一个多元化的平台体系。唯有如此，才能形成能源新经济。因此，形成多元化共建的机制十分必要。建议鼓励各类主体主导专业化的地区级能源平台建设，支持电网和油气管网企业面向增量平台业务开展混合所有制改革，吸引专业化的地区级能源平台、网络化平台以及工业互联网等技术型企业共同构建能源互联网，形成主体多元、功能多元、层次清晰的能源平台生态系统。

第三，突破传统投资思维，主动从大规模投资传统能源基础设施转变为重点投资技术驱动型能源基础设施，支持能源新经济发展。首先，建立新能源的"高速公路"。支持分布式能源基础设施建设，与乡村扶贫政策相结合改善农户屋顶条件和电网条件；重点投资储能产业集聚区和低碳发展示范区的储能基础设施建设，将储能设施与城市改造、功能区建设和特色小镇建设等充分融合，形成示范效应；加速布局微电网，引入社会资本，放开相关行业限制；支持新兴清洁能源的大数据基础设施建设，为新兴清洁能源交易、综合集中配置、政府治理等做好铺垫。其次，谋划建设能源云。包括数字技术、新能源技术和能源网络安全调度与输配技术在内的技术体系是能源平台的基础架构，能源云就是由平台资源汇聚而成的上层架构。二者都属于能源平台的基础设施。我国能源平台已经有了网络化的平台基础，可尽快启动能源云的布局，包括不同能源网络的数据联通与集成，能源云平台与各类能源平台、能源网络化平台的接口建设，能源云平台的制度与规制设计等。

（二）补齐能源平台数据治理的短板

我国能源平台仍在孕育之中，但具备较好的网络基础，强化能源平台数据治理可在充分利用已有网络基础的前提下，针对薄弱环节、缺失环节补齐短板，尽快形成完善的能源平台数据网络。

第一，构建能源平台数据网链。不仅要实时接收已经形成的新能源数据源，还要为今后日益丰富的数据源预留充足的接口。同时，打破能源数据分割的现状，根据分布式新能源的特点创新交易制度，实现能源数据在数据源之间的实时、双向、灵活传送。

第二，出台能源平台流通服务制度。制度可分为三个层面：第一个层面主要是规范能源平台及其各子模块服务商的运营，第二个层面主要是规范能源平台买方和卖方的行为，第三个层面主要是规范能源平台补足品客户的行为。

第三，引导能源平台及其子模块建立完善的平台运营规则。主要包括准入制度、利益分配制度、激励制度、约束制度等。

第四，支持新兴分布式能源行业的服务型企业成立流通协会。发挥好协会在政府和市场主体之间承上启下的作用以及对能源平台企业的引导和规范作用，协助能源平台企业制定和完善平台生态的相关制度。

（三）以分布式新能源数据治理为切入点

分布新能源是能源产业平台化发展的主要驱动力，也是能源产业的增量部分。强化新时代能源数据治理可从分布式新能源数据治理切入，既可以跟上新时代能源发展的步伐，争取成为全球新能源数据治理的引领者；还可以减少改革的阻力。

第一，支持分布式新能源发展，加速布局分布式新能源数据源，以点连线，充分释放光伏云等分布式新能源平台的网络效应。

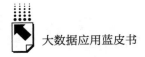

第二，及早规划移动储能技术日益成熟之后的移动式新能源数据源的发展情景，以及预估分布式新能源与移动储能技术相结合对能源平台网络生态治理的影响，实现我国引领全球治理能源的目标。

第三，确保分布式新能源平台与能源平台的有效对接，让分布式新能源平台成为能源平台的重要组成部分，推动我国能源数据治理的升级与创新。

B.4
商务诚信大数据的应用现状及发展趋势

范文跃　阳宁　姜春燕*

摘　要： 对于商务部门来说，企业诚信的监管在数据整合、数据规范、数据安全、监管体系、信息共享、系统优化等方面均需要进行较大的调整或升级；同样，对于企业和公众而言，其在诚信管理、公众知晓、品牌保护与治理等方面也面临着较多亟待解决的问题。本文从商务诚信建设痛点、商务诚信大数据总体设计、标准体系、应用场景等角度阐述了大数据如何帮助商务部门建设商务诚信体系，并对未来大数据在商务诚信领域的发展前景进行了展望。

关键词： 商务诚信　大数据　数据融合　标准体系

一　商务诚信大数据的概念

商务诚信是社会信用体系的重要组成部分，是市场主体在广义的商务活动（即生产经营活动）中履行法定义务和约定义务的状态，主要涉及生产、流通、消费等经济活动的各个环节。商务诚信是商务关系有效维护、商务运行成本有效降低、营商环境有效改善的基本条件，是各类商务主体可持续发

* 范文跃，教授级高级工程师，国家软件产品质量监督检验中心（江苏）首席信息官，长期从事信息化、标准化研究；阳宁，成都数联铭品科技有限公司总监，长期从事大数据技术研究；姜春燕，软件工程硕士，江苏苏测检测认证有限公司副总监，长期从事软件工程管理、软件检测技术研究。

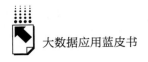

展的生存之本，也是各类经济活动高效开展的基础保障①。

传统的政府数据资源分散于不同的部门，数据格式、数据标准各不相同，"数据孤岛""数据烟囱"现象突出，不利于统一进行数据搜索和分析，造成政府部门之间信息共享困难。大数据时代信息资源构成日益多元化，导致现有的商务诚信数据体系无法满足新时代背景下商务诚信监管与服务的需求。商务诚信大数据建设是一项复杂的信息化工程，需要跨部门甚至是跨区域的数据整合。相对于传统信息化工程，数据具有实时、综合、空间等新的特性，所以必须实现采集数据的多维性，同时，要从数据更新的频率、涵盖行业和类别的高关联性以及空间位置的变化等方面入手，实现数据采集、存取、管理的高效与稳定性，以应对多维和大规模采集带来的海量数据。

基于市场主体信息资源目录，要以商务诚信数据资源开放共享为目标，以商务政务业务为应用场景，以"大数据＋诚信"为需求牵引，建立以信息资源共享为核心的工作机制，构建数据采集、数据共享交换、数据质量、数据建模、数据对外服务接口、数据开放、数据安全等标准体系。建设部署统一的商务诚信大数据中心，按照多方共享、资源整合的原则，融合政府数据和社会数据资源，同时紧密结合商务部门日常业务工作开发应用功能，从而实现商务诚信大数据的"网络通、数据通、业务通和管控通"，最终实现政府监管、企业自律和公众参与三位一体的商务诚信闭环管理，从而全面助力社会信用体系的建设。

二 商务诚信体系建设痛点分析

随着电子政务与包括商务诚信在内的各项行政管理事项之间的不断融合，简单地将政务"电子化"已经无法解决更多的诸如辅助决策、趋势预测等政务问题。同时，在信息共享、公众参与和"数字鸿沟"等方面商务

---

① 刘自敏、朱朋虎、张慧伟：《"一带一路"节点城市信用水平及其影响因素研究》，《产业经济评论》2018年第1期。

诚信体系建设也存在难点。除此以外，商务诚信体系建设还存在交易双方信息不对称、评价体系不完善、违反成本低、监管成本高等问题，其痛点可以从数据、监管、服务三个方面概括分析。

（一）数据资源归集整合痛点

1. 商务部门内部系统众多，数据资源整合率低

商务部门业务系统繁多，各系统之间数据互通程度低，"数据孤岛"较多，数据整合不畅，没有建立起统一的商务诚信数据中心。

2. 内部数据标准不一，缺乏外部数据归集

由于各个相对独立的内部系统对数据标准化的规范要求不同，对各类信息未能建立较为统一的数据标准规范。现阶段商务部门对外部数据如行政管理数据、公共服务数据、市场化评价数据、互联网数据的采集、更新速度较慢，导致进行商务诚信业务决策时难以进行全面分析。

3. 原有系统无法满足数据分析需求，软件亟待研制或优化

商务部门业务系统更新慢，许多系统缺少现阶段商务诚信管理所必要的功能模块，运行效率低下，无法承载数据共享后的数据分析量，亟须在满足既有信息化新业务系统有效需求的前提下，对原有的业务系统进行优化升级，研发补充缺失的功能，预留与数据中心对接的接口，以支撑大数据应用的数据需求。

综上所述，要解决内外部数据归集整合痛点问题，亟须我们探索一套行之有效的数据归集整合流程。

（二）商务诚信内部监管痛点

1. 数据应用率低，未建立综合信用服务体系

由于商务部门各系统中的数据共享程度较低，未能建立起覆盖政府、市场化平台、第三方专业机构的信用信息，覆盖线上线下企业的综合信用服务体系，亦无法对所拥有的内外部数据进行包括企业信用查询、评级、监管和政策性干预在内的多层次多种类应用，因而难以指导企业诚信健康地发展。

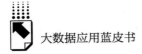

2. 数据分布分散，难以确保数据安全与可持续

商务部门原有数据分布存储在不同系统，数据由各系统进行安全管理，由于系统建设方各不相同，其安全标准也存在较大差异，数据面临较大安全风险。此外，系统建设方若无法保障平台不间断运行，则数据的质量将受到影响。因而亟待建设拥有统一安全标准的数据管理系统，对内部全体数据进行安全的、可持续的管控。

3. 商务部门数据滞后，监管不具动态性

商务部门内部系统之间没有实现互通共享，数据仍然以静态的存储为主，对市场的监管也仍然以静态的政策导向或反馈打击为主，加之政府数据本身的滞后性，导致对市场的监管总是慢于市场的变化速度，所以目前没有能力根据各行业运行情况和市场规律进行主动的、动态的监管。因而亟须我们利用大数据的前瞻性特点，把握市场变化，及时利用监管手段引导市场朝着更为规范、诚信的秩序方向转变。

4. 商务部门内部诚信信息与公众企业诚信信息之间不对称

随着商务部门管理体系的不断发展和监管范围的不断扩大，商务部门内部各处室系统所获取的商务诚信数据趋向全面化、多样化和巨量化，但公众、企业所能获取的诚信数据信息并没有同步增加，其所带来的信息不对称导致政策信息传达存在滞后性，决策难以真正作用于市场。

要解决商务诚信内部监管存在的问题，亟须我们利用大数据手段建立一个内外部数据融合、动静态数据相结合的商务诚信监管平台，提升数据应用率，切实提高监管成效，使监管从被动变为主动，消解政府内部与企业公众之间的信息不对称性，预测和引导市场诚信氛围的建设。

（三）商务诚信公共服务痛点

1. 诚信管理不透明，激励政策难以惠及企业

现阶段，一方面，企业自身的基础信息和信用信息以被收集记录为主，若商务部门存储信息存在遗漏，企业很难进行补录；另一方面，企业难以共享到有价值的合规数据，由于数据整合的欠缺，诚信体系尚不健全，商务部门难以对企业的诚信表现做出准确评价，对诚信记录良好企业的激励政策难以惠及企业本身，也难以对诚信表现较差的企业进行提醒甚至惩罚，诚信推动发展的正确价值观难以在企业内部推行。此外，企业进行诚信认证的手续仍然比较烦琐，商务部门也难以吸引社会资本关注诚信企业。

2. 公众知晓度低下，难以参与社会诚信建设

公众对于不同区域、不同性质以及不同行业企业的诚信情况了解仍然较少，获取信息的难度大。对于政府发出的警示信息、通知公告等信息较难获知，加之公众对失信企业和假冒伪劣产品的防范程度各不相同，纠纷、上当受骗甚至是由假冒伪劣产品危及生命和财产安全的案件仍然时有发生，举报通道不畅，公众较难参与社会诚信建设工作。

3. 品牌治理难度大，保护与打击成本偏高

对于企业而言，其对假冒伪劣"山寨"名牌产品进行打击，仍然依靠传统的人工举报模式，上报一起，核实一起，打击一起，打击的速度远不及新的假冒伪劣产品上市的速度。此外，对于品牌的保护也缺乏实质性的措施。

对于公众而言，由于假冒伪劣商品与正品之间的差别缩小，公众购买和使用到假冒伪劣产品的概率上升，这使得公众在自身利益受到损害的同时，也产生了对品牌企业的不信任，导致社会诚信度下降。

由于诚信管理不透明，政策信息公众知晓度低，品牌治理、保护难度大，因此亟须打通政府和市场数据的壁垒，实现多样化数据的融合，打造一个行业自律、企业自治、社会监督的社会共治商务诚信平台，实现流通领域全覆盖，形成"守信激励、失信惩戒"的机制，营造市场化、法治化、便利化的商务诚信环境。

三　商务诚信大数据总体设计

（一）商务诚信大数据设计架构

商务诚信大数据可采用"七横三纵"的松耦合架构设计。"七横"由数

据源层（原始数据层）、数据采集层、数据支撑层、数据存储层、数据服务层、应用层、平台层七层结构组成。"三纵"由云安全保证体系、标准规范体系、运维管理体系三个规范体系组成（见图1）。

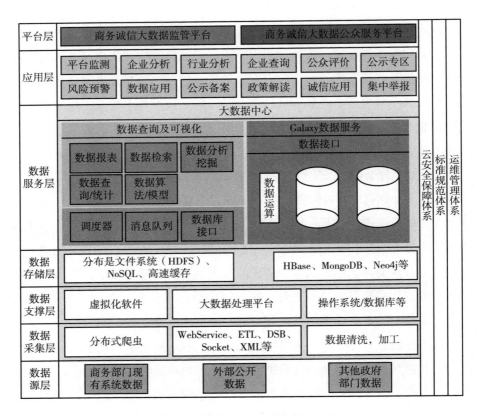

图1　商务诚信大数据"七横三纵"架构体系

1. 七层结构

（1）数据源层（原始数据层）。

数据源层（原始数据层）包含商务部门现有系统数据、外部公开数据和其他政府部门数据。来自商务部门现有系统的数据〔有 API（应用程序编程接口）的直接调用采集数据，没有 API 的通过数据包分析采集数据〕，包括药品、农产品、二手车行业的相关数据，还包括企业直报的电子数据

（类似 excel 文件自动读取采集数据）。外部公开数据包括企业基本信息、招中标数据、裁判文书数据、中高级诉讼数据、专利数据、被执行人数据、失信人数据、招聘（智联、51job、中华英才、拉勾网）数据、电商（淘宝、京东、聚美、唯品会等）数据、金融类网站数据等。其他政府部门数据包括市场监管、食品药品、税务（以地税为主）、海关、检验检疫、统计、旅游、环保、发展改革委员会、贸易促进委员会、电子农商平台、工业园区、中药材平台等的数据。

（2）数据采集层。

对内部数据采用可视化 ETL 技术，对多源异构的数据进行采集。公开数据采取分布式爬虫结构，上万个爬虫同时进行深网爬取，利用正向加速器进行加速。利用缓存减少不必要的爬取量，并拥有海量代理资源。

（3）数据支撑层。

利用成熟的虚拟化软件及分布式技术等技术手段，将支撑平台运行的数据及计算资源部署在云端，对平台运行的操作系统和数据库进行分布式部署，动态分配资源，满足跨系统、跨平台的数据支撑要求。

（4）数据存储层。

基于 Hadoop 生态系统进行搭建，采用分布式文件系统 HDFS、HBase、MongoDB 等混合存储技术，满足不同数据存储的需要，HBase 能够为海量并发系统提供有力支持。所有存储和计算能力都能无缝水平扩展。平台还提供基于 Sqoop、NiFi 的 ETL 转换管道，安全可靠的黑匣子隔离大数据软件平台。

（5）数据服务层。

通过各式各样的 API 进行数据调取和权限控制，能够细粒度、全方位控制对数据的操作。各种各样的引擎如计算引擎 GraphX、流计算引擎 Spark Streaming，分布式查询引擎以及算法集市，集成了各种常用机器学习算法，包括深度学习算法。

（6）应用层。

根据用户的业务需求进行数据分析及可视化展现。包括对外承包工程企业的中标情况进行分析，结合企业背景调查和行业平均中标区间，及时预警存在违规风险的企业；通过分析和梳理新型金融企业注册地址和企业相关数据，精确园区企业到各个楼宇，结合舆情数据明确园区发展方向；借助对外投资企业数据的整合，提取更加清晰的展示国内外企业投资方向、来源国家和投资数量的信息。

（7）平台层。

包括面向各级商务部门的监管平台和面向社会的公众服务平台。

2. 三个规范体系

（1）云安全保障体系。

商务诚信大数据应建立起包括加密机制、安全认证机制、访问控制策略、全动态加密算法、动态服务授权协议、物理网闸隔离与病毒防护软件等软硬件安全保证体系，确保商务诚信大数据安全运行。

（2）标准规范体系。

商务诚信标准规范体系是指为确保商务诚信大数据建设目标的实现所必需的全部有机整体，包括现有的、正在制定的和需要制定的标准。在系统性上，该体系表现为结构清晰、功能明确、布局合理，满足商务诚信大数据建设对标准总体配置的要求；在协调性上，该体系表现为各标准配合得当，不存在交叉、重叠、矛盾、不配套等现象。因此，合理的标准规范体系给出了商务诚信大数据建设的总体布局和发展蓝图。

（3）运维管理体系。

运维管理体系由系统质量管理体系、风险控制体系、保密措施体系、数据安全保障体系组成，共同支撑云平台的高效安全运行，保证商务诚信大数据在各个应用场景的顺利运行。同时，完善的管理体系也为商务诚信大数据的长效发展奠定了坚实的基础。

（二）商务诚信大数据云平台建设思路

商务诚信大数据云平台建设是基于对企业运营情况、电子商务、招投标数据等行为大数据的挖掘，利用大数据技术，构建更加全面的商务诚信评价体系，建设新的一体化的商务诚信大数据监管及服务平台，实现对商贸领域企业信用的评价与监督。该平台的建设可以变被动为主动，提高诚信监管效率，拓宽社会反馈渠道，降低商务诚信监督成本，实现政府监管、企业自律和公众参与三位一体的商务诚信闭环管理。

　　商务诚信大数据云平台建设思路可概括为"一二三四五＋N"，即"一个中心、两大平台、三条渠道、四大系统、五项标准、多方聚合"（见图2）。

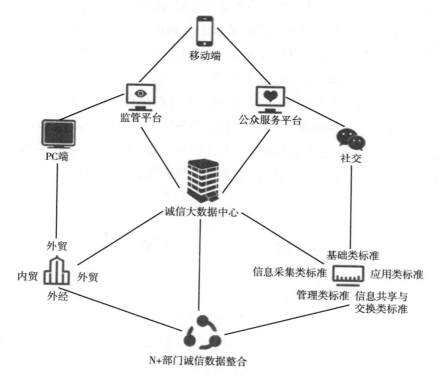

图2　商务诚信大数据云平台建设思路

　　"一个中心"：指根据数据采集和原有系统的数据接入，建设一站式大数据中心。

　　"两大平台"：指在大数据中心的基础上建设的大数据监管平台和大数据公众服务平台，从监管和公众服务两方面构建社会诚信全流程体系。

　　"三条渠道"：指在大数据中心、监管平台、公众服务平台的基础上，

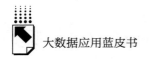

通过"一网，一端，一微"［即 PC 网页端、移动端应用（支持 IOS、Android 平台）和社交平台（微信平台）］将监管和公众服务功能模块布局至更多渠道。

"四大系统"：指大数据中心及监管平台、公众服务两大平台的建设，围绕商务部门"三外一内"（即外资、外经、外贸、内贸）四大业务系统进行设计，重点实现对四大系统功能和数据的宏观整合以及应用。

"五项标准"：指本项目在建设过程中遵循商务诚信标准体系下的基础类、信息采集类、信息共享与交换类、应用类和管理类五大类主要标准。

"多方聚合"：指将大数据中心与两大平台布局于商务部门与其他部门之间，信息覆盖面不断扩大，归集信息涉及税收征管、安全生产、城市管理、环境保护、旅游市场、房地产经纪、商品质量、食品药品安全等众多行业，可以促进商务诚信与其他社会信用之间的互融互联，将更多的信用数据进行聚合，更好地提高商务诚信评价的准确度和权威性，为诚信社会的建设做出更大贡献。

四　商务诚信标准体系建设

标准化建设是商务诚信大数据建设的基础性工作。突出标准引领，以推动商务诚信信息归集、信息共享、信息应用为导向，以满足商务诚信大数据建设需求为主线，遵循体系化、统一性原则，提出一个全面支撑商务诚信体系建设工程的标准体系，可以实现商务诚信体系建设工程的顺利实施。

商务诚信大数据标准体系应覆盖数据采集、数据共享交换、数据质量、数据建模、数据对外服务接口、数据开放、数据安全等方面，形成具有自主知识产权的技术标准和应用标准，明确数据的范围、格式、访问方式、开放权限等，统一商务诚信数据编码、格式标准、交换接口规范，研究制定一批具有系统性、全面性、独立性、可比性和可操作性的基础共性、重点应用和关键技术标准。建立关键标准验证平台，开展标准验证和应用试点示范。建立标准符合性评估体系，强化标准培育服务市场、提升服务能力、支撑行业管理的作用①。

具体包括基础类标准、信息采集类标准、信息共享与交换类标准、应用类标准和管理类标准共五大类标准。基础类标准规定了商务诚信标准研制过程中的体系框架、主体标识等基础性标准，属于标准体系的基础层，为其他标准的研制提供支撑。信息采集类标准主要规范与商务诚信信息采集、加工、处理相关的业务要求和行为，为商务诚信信息后续的存储和使用提供标准化技术指导，是整合商务、质检、食药监、海关、发改委等多方资源的重要保证。信息共享与交换类标准主要为建立商务诚信信息共享机制提供业务标准，是实现商务诚信公共服务平台多层次、多种类的应用服务的关键。应用类标准细分为应用服务类标准和工作制度类标准：应用服务类标准应规范第三方信用服务机构的信用服务行为，包括开展商务诚信评价、发布商务诚信报告、划分商务诚信等级以及编制商务诚信档案等；工作制度类标准主要从开展商务信息应用的需求出发，制定商务诚信信息公示规范、商务诚信联合惩戒规范、守信激励协同工作规范、商务诚信评价机构服务规范等，以支撑各类业务活动规范化开展。管理类标准主要包括规范信息安全、动态维护和质量管理等方面的业务标准，保障商务诚信信息的规范化管理（见表1）。标准之间要协调一致、相互配合，避免交叉和重复。

表1 管理类标准

序号	标准名称	内容和适用范围
1	商务诚信标准体系框架	标准规定构建商务诚信标准体系框架的基本原则、标准体系总体框架和标准体系框架实施规范 标准适用于各类主体开展的商务诚信信息标准化活动
2	商务诚信主体标识规范	标准规定商务诚信主体中组织（包括法人和其他组织）和自然人的标识构成 标准适用于商务诚信调查、商务诚信管理、商务诚信监管及相关商务诚信交易与服务等各种商务活动中对主体的识别

① 工业和信息化部：《软件和信息技术服务业"十二五"发展规划》，http://www.miit.gov. cn/n1146285/n1146352/n3054355/n3057267/n3057273/c3522255/content.html。

续表

序号	标准名称	内容和适用范围
3	商务诚信信息分类与编码规范	标准规定对商务诚信信息进行分类编码的原则、分类编码方法、分类代码的编制及维护 标准适用于商务诚信信息的分类、归集、整理以及商务诚信信息共享平台和信用信息管理系统的建设,其他相关活动可参照使用
4	商务诚信信息采集和处理规范	标准规定商务诚信信息采集和处理的术语和定义、基本原则,提出采集、加工、存储、提供、异议处理以及社会监督与举报的要求 标准适用于开展商务诚信信息采集的机构从事商务诚信信息采集、管理以及处理活动
5	商务诚信基础数据项规范	标准规定支持商务诚信公共服务云平台建设的商务诚信信息数据库中的自然人、法人和其他组织的商务诚信基础数据项 标准适用于商务诚信信息共享与交换的信息化工作领域,其他相关活动可参照使用
6	商务诚信信息资源核心元数据	标准规定商务诚信信息资源共享目录的核心元数据及其表示方式 标准适用于各级商务诚信信息资源共享目录的编目、建库、发布和查询
7	商务诚信信息资源标识规范	标准规定商务诚信信息资源标识符的编码结构和标识符的管理与分配。 标准适用于商务诚信信息资源的编目、注册、发布、查询、维护和管理等活动
8	商务诚信信息资源共享目录编制指南	标准规定商务诚信信息资源代码、目录、目录编制要求等 标准为各级商务部门编制商务诚信信息资源目录提供指导,非商务部门商务诚信信息资源目录的编制可参照执行
9	商务诚信信息交换方式及接口规范	标准规定商务诚信信息交换的方式要求、接口要求以及交换审计和考核要求 标准适用于商务诚信公共服务云平台与各部门、各地方和公共事业单位信用信息交换和共享系统的建设和运维管理
10	商贸流通企业信用评价指标	标准规定商贸流通企业信用评价指标建立的基本原则和专项指标内容 标准适用于商务诚信公共服务云平台对商贸流通企业开展信用评价,可用于商贸流通企业开展自我信用评价,可作为行业组织、第三方机构信用评价依据,其他相关评价活动可参照使用
11	园区企业信用评价指标	标准规定园区企业信用评价指标建立的基本原则和评价指标内容 标准适用于商务诚信公共服务云平台对园区企业开展信用评价,可用于园区企业开展自我信用评价,可作为行业组织、第三方机构信用评价依据,其他相关评价活动可参照使用
12	农村电商信用评价指标	标准规定农村电商企业信用评价指标建立的基本原则和评价指标内容。 标准适用于商务诚信公共服务云平台对农村电商企业开展信用评价,可用于农村电商企业开展自我信用评价,可作为行业组织、第三方机构信用评价依据,其他相关评价活动可参照使用

续表

序号	标准名称	内容和适用范围
13	商贸流通企业信用评估报告编制规范	标准规定编制商贸流通企业信用评估报告的基本原则和主要内容 标准适用于商务诚信公共服务云平台上开展的商贸流通企业信用评价活动,其他相关评价活动可参照使用
14	园区企业信用评估报告编制规范	标准规定编制园区企业信用评估报告的基本原则和主要内容 标准适用于商务诚信公共服务云平台上开展的园区企业信用评价活动,其他相关评价活动可参照使用
15	农村电商企业信用评估报告编制规范	标准规定编制农村电商企业信用评估报告的基本原则和主要内容 标准适用于商务诚信公共服务云平台上开展的农村电商企业信用评价活动,其他相关评价活动可参照使用
16	商务诚信等级划分通则	标准规定商务诚信等级划分的原则、方法和等级划分类型 标准适用于对企业商务诚信进行评价等级划分
17	商务诚信档案信息规范	标准规定建立商务诚信档案的基本原则、商务诚信档案信息类型、商务诚信档案信息来源以及商务诚信档案所包含的信息项 标准适用于各类组织建立商务诚信档案,也适用于不同政府部门或组织之间依本标准进行商务诚信信息的交换和共享,企业建立信用档案或第三方信用服务机构建立客户信用档案可参照使用
18	商务诚信信息归集和使用管理办法	标准规定商务诚信信息归集、信息共享和应用、信息的公布和查询、权益保护、责任制度等方面的要求 标准适用于各级商务主管部门、商协会以及驻外经商机构在依法履行商务活动管理职责的过程中,对市场主体(指在国内外市场流通领域内从事商务活动的自然人、法人和其他组织)信用信息的记录、归集、共享、使用、公开和保存等活动
19	商务诚信信息公示规范	标准规定商务诚信信息的公示要求、公示内容、公示方式、公示流程、公示监督与公示审核等内容 标准适用于商务诚信信息共享平台及各部门商务诚信信息公示系统或公示专栏的建设和运维
20	商务诚信联合惩戒、守信激励协同工作规范	标准规定基于商务诚信建设,构建联合惩戒、守信激励协同工作规范的基本原则、商务领域严重失信行为确认、健全褒扬和激励诚信行为机制、健全约束和惩戒失信行为机制以及构建守信联合激励和失信联合惩戒协同机制等 标准适用于构建商务诚信联合惩戒、守信激励协同工作机制,指导各级商务部门组织推动失信联合惩戒、守信联合激励的活动
21	商务诚信评价机构服务管理规范	标准规定商务诚信评价机构服务管理的基本原则、评价信息管理和业务流程及要求等 标准适用于商务诚信评价机构开展商务诚信公共服务云平台相关的商务诚信评价服务等业务

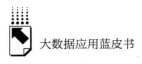

续表

序号	标准名称	内容和适用范围
22	商务诚信信息安全与保密规范	标准规定商务诚信公共服务云平台中信息的安全与保密要求 标准适用于商务诚信公共服务云平台实现信息安全与保密，其他管理信息平台可参照使用
23	商务诚信信息资源维护与管理规范	标准规定商务诚信公共服务云平台中商务诚信信息资源维护与管理方面的技术要求，主要包括维护与管理总体架构、维护与管理角色的职责、维护与管理活动的管理要求 标准适用于商务诚信公共服务云平台中商务诚信信息资源的维护、管理与交换，其他管理信息平台可参照使用
24	商务诚信数据质量管理规范	标准规定商务诚信信息数据质量管理的要求 标准适用于商务诚信信息化工作中涉及数据采集、审核、校验、标记、更正的流程岗位以及数据质量管理部门、数据事权部门和数据使用人员

资料来源：作者自制。

五　大数据在商务诚信的应用场景

（一）园区商务诚信评价建设

基于商务诚信标准体系和市场主体数据，结合园区企业发展现状和信用特点，通过构建评价模型，从促进园区企业诚信管理的意愿、能力和行为三个维度，围绕园区企业基本信息、企业管理、交易信息、财务信息和社会行为五个方面，综合考虑园区企业科技创新、生态环保等要素，制定园区企业商务诚信评价指标。

园区商务诚信体系的建立，规范了园区企业信用评价，充分利用和发挥园区企业商务信用数据产生的价值和作用，通过数据变化动态反映园区企业商务信用水平的发展趋势，为掌握园区企业经营状况、制定相关政策措施提供了参考依据。园区商务诚信体系的建立，促进了园区企业信用评价数据的采集，进一步推动了园区企业商务信用数据采集的规范化、常态化和及时化，同时也为商务诚信云平台的数据汇集工作提供了有力的数据支撑。园区商务诚信体系支持商务诚信园区联合开展奖惩工作，通过将园区企业按信用结果划分不同等级，形成守信联合激励对象（红名单）和失信联合惩戒对象（黑名单），为信用等级高的"红名单"企业提供激励措施和便利条件，对信用等级低的"黑名单"企业在一定范围内实施部门联合惩戒措施，遏制其商务活动。

（二）类金融行业风险防范

利用可视化技术呈现地区风险指数图谱、静态风险指数、风险指数时序差异对比等，对潜在风险类金融企业及时给出防范预警。以市场主体数据库为依托，运用机器学习的方式甄选出类金融企业名单；通过关联方图谱分析，投资逻辑及其结构分析，对高维信息进行处理，挖掘诚信风险，并进行定量指标分析，如打假、造假关联群中要害点的识别，经营欺诈的识别，定位企业核心控制人，精准确定核心关联企业；另外，基于公开数据源及相关舆情，结合风险甄别与量化工具，分析出企业的主要风险点；通过构建特殊风险模型的方式，对企业的实际控股人风险、公司扩张路径风险、中心集聚化风险、非法融资衍生风险、短期逐利风险、非法融资违规风险、人才结构分析等主要商务诚信风险指标进行分析，用风险指数量化企业风险行为。

归集类金融市场主体信息，以多维度市场主体数据库的评价基础为核心，以第三方征信机构主导的企业专业信用评价体系为支撑，及时反映类金融行业的风险状况，构筑起类金融行业风险防线。预判宏观经济走势，有效辅助政府进行宏观经济决策，推动金融监管部门协同联动，提高政府监管成效。

（三）业务系统与大数据平台深度融合

业务系统与商务诚信大数据平台深度融合，一方面，可以调用商务诚信数据中心数据资源，为业务系统提供企业基础数据和诚信数据，免去人工录入的环节，确保信息的真实性和一致性；另一方面，从拓宽平台诚信数据归集渠道、丰富商务诚信数据来源的角度，商务诚信数据中心实时接收商务部

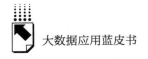

门各大系统的业务信息，使其拥有更全面、更及时的数据，焕发数据中心活力，形成良好的循环应用机制，也为企业商务诚信评价模型提供更丰富的数据支撑。

（四）事前事中事后行政管理

依托商务诚信大数据中心、监管平台、公众服务平台，构建事前事中事后管理体系。其中监管平台聚集企业行为数据、多部门信用相关数据，创新性引入大数据技术，可以更加准确地了解市场主体运行情况和诚信度并降低政府监管成本，帮助商务工作提质增效。公众服务平台面向公众通过"查信""评信""用信"，可以更好地解决市场主体信息不对称问题，利于市场主体降低市场交易成本，提高流通效率。

六　未来商务诚信大数据的发展前景

未来，商务诚信大数据应围绕商务的工作目标、重点方向，考虑大数据在商务活动中的业务环节、关键节点以及重点业务模式方面的基础支撑作用，针对应用中的实际问题对商务诚信数据资源体系进行设计和构建，并不断完善和优化。同时以目标为导向，服务于商务工作的关键需求，逐步扩展商务诚信大数据应用领域，结合商务部门内部职能，依托既有信息化业务系统和有效需求，实现各项业务软件研制开发或优化升级。重点是在进出口商品的趋势研判、双向投资智能分析、电子商务统计监测、流通领域行业企业监管方面，针对不同市场经营主体研发所需的支撑服务软件。按照各自职责分工，分别制定业务流程、运行维护、检查监督、统计通报、应用培训等平台使用规范，确保工作有序开展。

在功能上，应通过多元化地探索商务诚信管理、诚信监管、信用信息管理与共享、诚信信息挖掘应用、商务诚信评价与商务诚信信息检索查询等应用功能，进一步完善商务诚信评价机制，实现数据与应用价值变现，推动商务诚信文化在企业内部和公众中广泛传播。

　　商务诚信大数据云平台建成后，应通过强有力的平台运营机制保障实现平台社会效益的最大化、长效化，通过社会化公益性与增值服务相结合的应用模式，发挥平台的社会价值和影响力，吸引各类信用服务机构为政府、行业、企业和社会公众提供多层次的有价值的商务诚信信息服务。

B.5
机器人投资顾问：
大数据驱动的普惠投资

彭志宇　施韦*

摘　要： 由于投资顾问市场存在信息不对称、正规投资服务力量不足等问题，传统的投资顾问市场鱼龙混杂，为不良投资者提供了坑骗投资者的机会。机器人投资顾问基于大数据分析算法，自动化地提出投资建议，减少人为因素干扰且服务成本大为降低。本文通过对机器人投资顾问典型应用智能交易策略的描述，以及对阿尔法收益的来源的阐述，提出量化投资模型构建原则，进而构建了智能策略研究框架。特别是提出了护城河、投资评级等一系列智能因子，并用最近三年（2016～2019 年）投资市场的实际案例数据，证明了机器人投资顾问拥有在长时间周期内能够稳健获利的技术优势。

关键词： 机器人投资顾问　大数据　智能策略

一　机器人投资顾问产生的背景

机器人投资顾问（以下简称机器人投顾）是指通过网络提供财经建议

---

* 彭志宇，浙江网新智语信息技术有限公司量化研究总监，毕业于浙江大学，获计算机博士学位，主要研究方向为数据挖掘和分布式计算，近年来专注于量化投资和程序化交易的研究；施韦，浙江网新智语信息技术有限公司副总裁，毕业于浙江大学，获计算机博士学位，一直从事金融信息领域研发和管理工作，目前主管对欧美客户的 IT 研发以及公司的日常运营工作。

或者投资管理的一种金融顾问，其过程仅需适度的人工干预。机器人投顾基于数学规则和算法提供数字化财经建议，算法完全通过软件执行，因而不需要人类投资顾问的参与。该软件可以自动地分配、管理、优化客户资产。投资顾问行业由来已久，是随着社会财富和个人财富的增加应运而生的，起源于欧美发达国家，已经有数百年的历史，目的在于为个人客户提供专业的投资顾问建议，包括理财知识普及、投资品类介绍、投资标的推荐等。近年来，随着中国资本市场的发展和个人财富的积累，国内对投资顾问的需求逐渐增加。然而，这个与广大民众财富增长息息相关的行业刚刚起步，还存在诸多问题。第一，我国民众投资知识还非常匮乏，投资顾问服务者与客户之间存在严重的信息不对称问题，为一些心术不正的个人与机构提供了坑骗个人投资者的机会。第二，潜在的个人投资者数量巨大，即便是相当规模的投资顾问机构，也无法提供足够多的合格人员来为所有客户提供服务，而只能优先考虑高端投资者，导致大量普通投资者享受不到专业服务。机器人投顾的出现为这些问题的解决提供了可能。

机器人投顾兴起于美国[1]，最早由 Betterment 和 Wealthfront 两家公司针对个人客户的智能投资顾问服务而推出，并取得了成功。随后众多传统金融机构，如高盛、摩根士丹利、先锋基金等也先后研发了各自的机器人投顾平台。目前 Betterment 公司管理的资产规模超过 40 亿美元，是世界上最大的机器人投顾服务提供商。而我国的机器人投顾产业是从 2015 年开始兴起，随着传统金融技术公司和风投资本的重视而快速增长，迅速形成了一批相关产品和服务，典型的如招商银行推出的"摩羯智投"、广发证券推出的"贝塔牛"以及蓝海智投、微量网的相关产品等。[2]

得益于两个重要特征，机器人投顾对投资顾问行业进行了颠覆式创新，这对未来财富管理行业具有重要意义。第一，机器人投顾具备自动化特征。

---

[1] 姜海燕、吴长凤：《机器人投顾领跑资管创新》，《清华金融评论》2016 年第 12 期，第 98 ~ 100 页。

[2] 冯永昌、孙冬萌：《智能投顾行业机遇与挑战并存（下）》，《金融科技时代》2017 年第 7 期，第 16 ~ 23 页。

智能算法基于大量数据的积累以及严谨的模型验证,挖掘出具有统计意义的资产配置或交易获利规律,从而自动产生投资决策建议,这样避免了人的主观干预,降低了由于人性弱点而犯错的概率,从长周期来看,其在投资收益和风险控制两方面均能取得更优的结果。第二,机器人投顾成本低。一个合格的传统投资顾问至少需要在投资相关领域积累多年经验,而且其服务客户的数量也受到个人精力的限制,而机器人投顾的可复制性强,理论上的边际成本几乎可以忽略不计。

二 智能交易策略

机器人投顾包括智能交易策略、智能资产配置、智能资讯服务等应用。其中智能交易策略是通过对海量金融数据的处理,挖掘出稳定的统计获利规律,从而能够形成自动化的交易策略来赚取利润。在机器人投顾中,智能交易策略是潜在收益最大、复杂程度最高的技术应用。下面主要探讨智能交易策略背后的理论和逻辑。

(一)阿尔法理论

投资界常用阿尔法表示投资策略相对整体市场的超额收益。在做阿尔法模型之前,需要从方法论上思考阿尔法是否存在,阿尔法究竟来自哪里,以及阿尔法是否会失效等问题。

根据西方主流的量化多因子理论,一个资产的收益可以分解为在多个因素上暴露的收益和这些因素不能解释的部分收益(残差收益),这些因素往往以因子表达。例如,一只股票最近一段时间的上涨可能是由多种因素共同推动的:一是市场因素,即整个市场上涨了,所以这只股票也在相应上涨;二是行业因素,即这只股票所在行业的股票都上涨了,也会影响到这只股票的表现;三是市值因素,即市场上的小市值股票平均来说比大市值股票涨得好,所以这只小市值股票也会受相应的正面影响;其他影响还包括估值因子、投资因子等。当去除所有由这些因子带来的收益后，剩下的才是这只股票独立的收益，通常被称为阿尔法，可以用阿尔法因子表达。

（二）阿尔法的来源

投资界有一句名言，"收益来自对风险的暴露"。通常把因子带来的收益叫作风险收益，因为它是通过暴露在特定因子风格上取得的，由于市场风格往往受宏观政策、市场喜好等因素影响，因而这些因子的收益一般来说不稳定，会呈现显著的"周期性"特征。排除了这种"周期性"特征的收益，被称为残差收益，也叫作阿尔法收益。阿尔法收益认为这种收益是稳定的，不受风格的"周期性"影响。从深层次分析，所谓的残差收益其实也可以再分解成因子收益，只不过要么有一些因子由于影响相对较小而未被惯例识别为一种风格，要么某些因子因缺乏数据而无法量化。所以从概念上来说，阿尔法收益和风险收益并没有清晰的界限，而是取决于建模者的具体分类。

与科学知识的获取过程一样，在识别风格收益和阿尔法收益是否存在并判断其内在特质时，人们也是基于"大规模可重复检验的统计实验"这一基础思想来进行。基于实用主义哲学的态度，用数学归纳法（无论是统计模型还是机器学习，本质上都是在做归纳和拟合）找出历史数据中存在的规律，并假设这一规律在未来一定时间内持续有效。这种方法在大部分学科场景中是非常有效的，人类已经在这样的指导思想下建立起了庞大的科学知识的生产体系，并实质性地带来了最近百年的知识爆炸和技术繁荣。但在量化投资领域，对此方法的使用需要特别小心，也就是说，过去验证的规律将来会失效是大概率事件。其原因在于量化投资研究有两个特点。

一是样本量问题。统计归纳有效的前提是大数定理，但由于数据获取量有限等原因，许多策略进行历史回测的样本数据可能不足以支持有效的统计归纳。另外，样本大小也并非与绝对的回测时间长短成正比，比如某些策略中加入了一些逃历史大顶的判断逻辑，即便这个策略回测时间超过 10 年，但这一逃顶逻辑的代码分支在整个回测中也可能只被运行过三五次，而运行次数才是真正的样本量。由此，市面上存在的大量"回测优秀"的策略实

际上存在过拟合，讨论其未来有效性是没有意义的，不具备指导性。

二是市场有效性。经济学上有所谓的无套利原则，即由于理性人是逐利的，任何无风险套利的机会或规律，一经传播就都会立即被充分利用从而导致规律消失，这就是市场的有效性。而一些量化策略在历史上有效，实质上是发现了一种"统计套利"的规律，这个规律背后必然是源于市场的一些错误定价模式，比如政策漏洞、群体认识的盲点等。一旦导致这些错误定价的条件发生了变化，这一规律很可能就不存在了。

因此，正确的量化投资模型构建方法论需要包含以下两个重要原则。一是从经济逻辑出发去思考市场的失效点，形成阿尔法因子的思路，并始终保持对这一失效点背后的条件进行关注和思考，以防止策略在未来失效。这要求我们不断深入学习经济原理、商业逻辑、企业财务、行为金融等领域的知识。二是在深度理解统计检验原理的前提下进行策略回测结果的分析和解读。历史回测的评价绝不能仅仅停留在收益率、夏普比率、波动率等指标的简单考察上，而需要更全面地考察"规律有效性"是如何被证明其具有统计显著性的。

三　智能交易策略研究框架

根据西方主流的量化多因子框架[①]，智能交易策略研发的核心在于找到与未来股价涨跌有显著相关性的因子，即有效因子。所谓因子是一个可用数字表示的特征，有效因子则表达某公司的未来股价与这个特征的值呈现强相关性。可以通过历史的回测来检验某个因子是否有效，比如若发现总是买入A因子值排名前20%的股票的组合，其收益显著高于总是买入A因子值排名后20%的股票的组合，则有可能A因子是一个可用于构建智能策略的有效因子。

---

①　Fama, E. F., French, K. R., "Common Risk Factors in the Returns on Stocks and Bonds," *Journal of Financial Economics*, 1993 (33): 3–56.

然而，用历史数据做回测的缺陷在于其本质是一种不完全归纳，也就是说，历史回测的表现不一定说明其中存在稳定规律，有可能是幸存者偏差或者有意地过拟合等。其造成的结果就是，回测中表现优异的策略，真正拿来做实盘投资时却不尽如人意。而一个完善的智能交易策略研究框架，就是用多方面的统计去检验一个因子，将最可能具有真正稳定规律的因子筛选出来。下面将逐一介绍智能策略研究框架中的核心步骤。

（一）数据预处理

为方便对数据的后续分析和处理，一般采用对数化和标准化两种手段进行数据预处理[①]。

第一，针对分布过于集中的数据，我们需要进行对数化处理，得到较为平滑的数据分布。以市值因子分布为例，A股市场上的所有公司，进行对数化处理前分布明显集中在小市值（见图1），该分布特征令分析结果对数据的敏感度过高，不利于展开模型分析。进行对数化处理后，其分布更加接近正态分布（见图2），有利于后续进一步处理和分析。

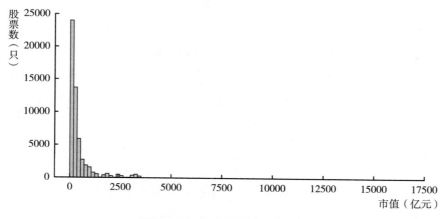

图1　对数化处理前的市值分布

---

① Jiawei Han、Micheline Kamber、Jian Pei：《数据挖掘概念与技术（原书第3版）》，范明、孟小峰译，机械工业出版社，2012。

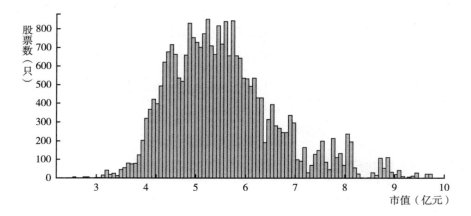

图 2　对数化处理后的市值分布

第二，数据标准化。由于各个因子的量纲不一致，为方便进行比较和回归，对因子进行标准化处理很有必要。一般采用以下两种方式：第一种是直接对因子载荷原始值进行标准化；第二种是先将因子载荷原始值转换为排序值，然后进行标准化。

第一种方式的好处在于能够更多地保留因子载荷之间原始的分布关系，但是进行回归的时候会受到极端值的影响。第二种方式的好处在于标准化之后的分布是标准正态分布，容易看出因子载荷和收益率之间的相关性的方向。仍旧以上文中的市值分布为例，采用第一种因子原始值进行标准化的方法处理，标准化并不会改变因子的原始分布，仅仅是进行平移和幅值的变换，这对后续开展分析工作十分有利（见图3）。

（二）IC 判断

因子的 IC 值用于描述股票当前的因子值与下一段时间的涨幅的相关系数。因子 IC 值反映的是线性相关程度，体现了使用该因子进行收益率预测的稳健性。在一个较长的历史时间段中，我们可以计算出一系列的 IC，然后通过计算 IC 序列的若干指标来对这个因子进行评价（见图4）。

某因子 IC 值序列的统计评价指标见表1，其中 IC 均值和绝对值的均值

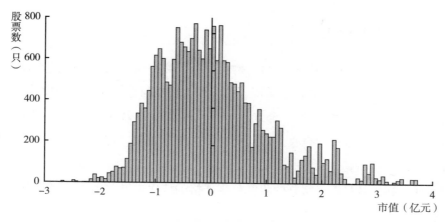

图 3　标准化处理后的市值分布

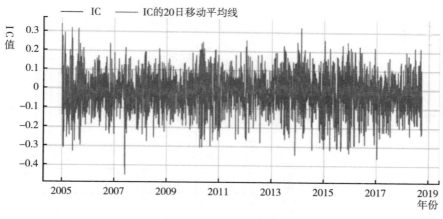

图 4　某因子的 IC 序列

体现因子有效性，IC 标准差体现因子稳定性，IC 正负比例体现因子结果的一致性，P-Value 判断 IC 分布的显著程度。

表 1　某因子 IC 值序列的统计评价指标

评价指标	计算值	评价指标	计算值
IC 均值	−0.019	IC < 0 比例	0.573
IC 绝对值的均值	0.081	P-Value 均值	0.156
IC 标准差	0.101	P-Value < 0.005	0.500
IC > 0 比例	0.427	P-Value > 0.005	0.500

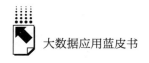
（三）分组回测

依照因子值对股票进行分组，构建投资组合回测，是一种最直观的衡量指标优劣的手段[①]。比如按照某因子值给所有股票排序，排在前20%的股票为组合一，其次20%的为组合二，……，排在最后20%的股票为组合五，然后分别回测这五个组合在一段历史时间的收益表现。观察因子分组回测收益、年化收益和夏普比率（见图5）的因子组合表现，因子排名越靠后，组合表现越好，并且五个组合的收益呈现严格的依次递增关系，说明此因子较为有效。

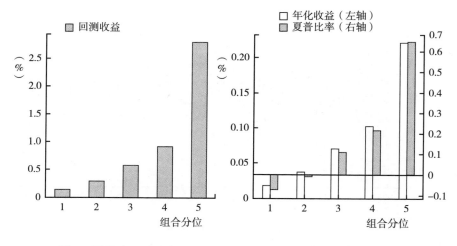

图5　因子分组回测收益（左图）、年化收益和夏普比率（右图）

（四）风格测试

所谓风格（市场风格）是指整体市场呈现的对某类股票的偏好，而这种偏好是由宏观经济形势、经济政策等各种因素导致的。一个稳定的因子，

---

① 〔美〕理查德·托托里罗：《量化投资策略——如何实现超额收益 Alpha》，李洪成、许文星译，上海交通大学出版社，2013。

在市场出现不同风格时应该具有相对稳定的表现，无论是牛市风格还是熊市风格，该因子选出的股票均能有超越平均的表现。风格测试则基于特定风格将市场划分开来，然后评估策略在不同风格的表现是否较为统一。表2展示了研究框架中的风格种类。

表2 市场风格类型

风格定义	评估参数
涨跌风格	指数
规模风格	市值
价值风格	PE、PB
动量风格	短期涨跌幅、长期涨跌幅
成长风格	营业收入、净利润同比增速、一致预期
盈利风格	ROE-TTM
红利风格	一年/三年股息率
防御风格	Beta

以上步骤是量化因子研究的核心步骤。除此之外，一般还会对因子覆盖率、因子自相关性、因子的时间衰竭、规模衰竭等方面进行考察。通过这些方面的考察，我们才会对因子的历史表现和特性有较为全面的评估，从中选出的优秀因子在未来才有可能大概率地取得优异表现。

四　适合个人投资者的普惠模型

股票市场因其交易门槛低、资金流动性好，吸引了大量个人投资者的参与。然而，多数股民仅仅把股票当作炒作的筹码，希望在短期价格的波动中赚取差价，从而快速积累财富。这些行为体现了股票的博弈属性，导致绝大部分股票投资者最终不仅没能利用股票实现财富增值，反而亏损惨重。实际上，股票背后是一个国家优质的公司股权，其长期增值的效应是非常显著的。以中国 A 股市场主流的沪深 300 指数为例，从 2005 年成立至 2019 年，从 1000 点涨到目前的 3600 点左右，年化涨幅 9%，而且若算上每年 2% 的

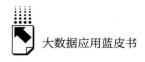

分红，投资沪深 300 指数实际收益约为年化 11%。由此可见，中国 A 股市场实际上是非常适合长期投资的。

除此之外，由于中国 A 股市场的有效性还不强，特别是投资者结构还不健全，因而存在大量错误定价的机会。这些机会可以被智能模型捕获，形成能战胜指数的投资策略。浙江网新智语信息技术有限公司（以下简称智语科技）研发了一系列普惠型的智能模型，该模型对交易实时性要求不高，股票数相对较少，非常适合普通投资者跟投使用。这些模型背后的核心因子通过了智语量化研究框架的严格检验，并且从其近两年的实盘表现也可以验证其效果。以智语科技独特的护城河和投资评级变动因子为例，我们来展示智能策略的效果。

（一）护城河因子

"经济护城河"是企业在经营中建立起来的，能防止利润不会轻易被竞争对手蚕食的牢固壁垒。典型的护城河包括强大的品牌优势、持续的成本优势、拥有特许经营权、网络优势等。而识别与判断一家企业的护城河对于投资十分重要，始终投资有强大护城河的公司，是沃伦·巴菲特投资神话的终极秘诀。由于不同企业之间的行业特征、组织结构、竞争环境、外部风险等存在非常大的差别，通常来说，分析企业的护城河是一项很难量化甚至很难标准化的工作。所以价值投资者往往只能逐个公司研究，只做"看得懂的公司"。然而研究发现，虽然内在的"护城河特质"不一样，拥有强大护城河的企业在某些外在特征上却表现出惊人的相似，这些外在特征包括三点。

第一，具有强盈利的能力。有护城河的公司能够持续帮助股东获取丰厚的报酬，且通常不会因为宏观环境或者行业周期的变化而大幅波动。它们往往在盈利指标上（如净资产收益率和投资资本回报率）表现特别优异，这种优异或来自高利润率，或来自高周转率，而高利润率的企业所具有的护城河往往更加宽阔。

第二，盈利质量高。盈利的数量固然重要，但盈利的质量通常更能保障未来高盈利的持续性。盈利质量包括经营的专注性、现金流质量、上下游占款情况等。专注于主营业务的企业更可能建立起有效的护城河；自由现金流充足的行业和企业往往长期来看风险更低，护城河更深；而强势的上下游产业链关系能从侧面反映出企业所提供的产品和服务的稀缺性。

第三，没有财务报表疑点和风险。财务报表有很强的可调节性，许多"普通"公司出于各种原因会去粉饰财务报表，如用激进的会计手法虚增利润，或用某些会计科目掩盖一些不规范的资金行为等，而这些行为会在数据上留下痕迹。另外，"普通"公司也更容易采取激进的经营方式，比如激进的财务杠杆或大规模的跨界并购行为等，而拥有宽阔护城河的企业大多不会有这些异常行为。

基于以上观察，智语科技构造了护城河模型，它根据最新的财务和公告相关数据计算出企业的护城河评分（5 分制，分数越高公司越优秀）。为了测试模型的有效性，智语科技计算了各个上市公司在历史上每天的护城河评分（根据当时的财务数据），并构建一个由 4 分以上的公司组成的投资组合。从 2013 年 1 月 1 日到 2019 年 4 月 30 日，保持高护城河组合（每月调一次仓，把最新的护城河评分高于 4 分的股票调入组合，把低于 4 分的股票调出组合），并保证组合中所有股票的持仓金额相等。在考虑了交易手续费的情况下，高护城河组合所取得的业绩如表 3 所示。

表3　高护城河组合的回测收益表现

单位：%

策略收益	基准收益 （沪深300）	策略年化收益	基准年化收益 （沪深300）	年化超额收益
133.60	53.35	14.34	6.99	7.35

如上述结果，护城河因子能选出一贯盈利优秀、经营稳定的公司。尽管由于环境的变化和公司的演进，并不是所有这样的公司都能保证在未来依旧胜出，但它们作为一个整体是具备概率优势的。特别是在中国 A 股这样有效性不强的市场，长周期来看，护城河因子具备显著的阿尔法。然而，护城河因子本身变化周期较长，中短期对股价的驱动力不强，适合与其他强驱动

力的因子结合，进一步提升整体收益。比如，将护城河因子与成长性因子结合，选出公司质地好且营收和利润增长较快的公司，能明显提升投资收益。从 2013 年 1 月 1 日到 2019 年 4 月 30 日，护城河成长策略的收益情况如下（见表 4、图 6）。

表 4　护城河成长组合的回测收益表现

单位：%

策略收益	基准收益 （沪深 300）	策略年化收益	基准年化收益 （沪深 300）	年化超额收益
322.28	53.35	25.55	6.99	18.56

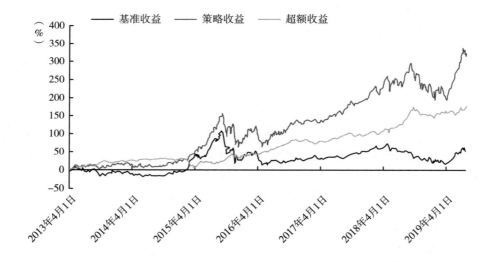

图 6　护城河成长组合的收益曲线

实际上，护城河因子不仅能用来做量化策略，对价值投资者来说也是一个非常好的参考指标。价值投资者因其对单个公司的研究更深入，耗费时间更长，所以市场的覆盖面往往不大。而从历史来看，高护城河评分的公司囊括了大部分优质且确定性高的行业龙头和优质企业。所以，价值投资者可以通过护城河因子不断发现新涌现出来的潜在优质公司，扩大覆盖面，提升研究效率。通常来说，获得高护城河评分的公司多分布在食品饮料、医药生物、家电、公用事业等非周期性行业。近两年来获得护城河评分 4 分以上的部分公司如下（见表 5）。

表 5　中国 A 股的高护城河公司（部分）

所属行业	公司
食品饮料	贵州茅台、洋河股份、泸州老窖、五粮液、水井坊、伊利股份、山西汾酒、汤臣倍健、双汇发展、涪陵榨菜、洽洽食品
医药生物	恒瑞医药、片仔癀、爱尔眼科、华东医药、云南白药、济川药业、安科生物
家用电器	美的集团、格力电器、青岛海尔、小天鹅 A、老板电器、苏泊尔、浙江美大
建筑材料、房地产、化工	海螺水泥、万华化学、万科 A、金禾实业、万年青、伟星新材、方大特钢
汽车、交通运输、公用事业	上海机场、福耀玻璃、长江电力、粤高速 A
计算机、电子、机械设备	海康威视、广联达、汇川技术、航天信息、恒生电子、美亚光电

（二）投资评级系列因子

专业研究人员在卖方分析师的研究报告中对市场进行了预测。虽然研究人员无法每次都正确地预测未来，但这些研究报告作为市场上最易得到的专业报告，拥有较高的阅读量，并实实在在地影响着众多投资者的买卖行为。理论上讲，若能第一时间觉察出研究人员整体预期的边际变化并且顺其方向操作，是能够获得一定交易优势的。在研究报告中，投资评级是研究人员对股票的推荐程度，一般分为买入、增持、中性、卖出四个级别，代表了分析师认为此股票在未来一段时间内相对大盘的超额收益程度。通过量化每只股票背后所有投资评级的综合情况，可以建立投资评级相关的因子（见图 7）。

针对投资评级数据，智语科技定义了四个深度数据因子并展示出它们之间的关系（见图 8）。

第一，投资评级因子。反映当前的平均投资评级情况。我们首先将投资评级数量化，其中"买入"为 1 分，"增持"为 2 分，"中性"为 3 分，"卖出"为 4 分，然后根据某只股票过去 6 个月所有研究报告的投资评级分数综合得出当天的投资评级分数。投资评级因子数值越小，代表分析机构越推荐投资。

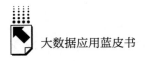

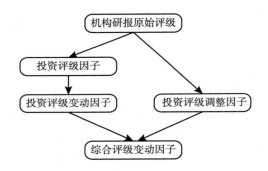

预测日期	研究机构	研究员	本次评级	上次评级	评级调整	目标价
2018-08-31	东方财富证券	陈博	增持			--
2018-08-31	东北证券	李强	买入			136.25
2018-08-30	财富证券	陈博	买入	买入		--
2018-08-30	联讯证券	王凤华	增持			--
2018-08-30	申万宏源	吕昌	买入			--
2018-08-30	山西证券	曹玲燕	买入			--
2018-08-30	国信证券	陈梦瑶	买入	买入		--
2018-08-30	华创证券	董广阳	买入			138.00
2018-08-30	兴业证券	陈娇	增持			--
2018-08-30	中金公司	邢庭志	增持	增持		174.00

第 [ ] 页/共20页 跳转 « **1** 2 3 … 16 17 18 19 20 »

图 7　某股票的投资评级情况

```
        机构研报原始评级
        ↙           ↘
   投资评级因子          
      ↓                
  投资评级变动因子    投资评级调整因子
        ↘           ↙
        综合评级变动因子
```

图 8　投资评级系列因子之间的关系

第二，投资评级变动因子。反映过去 6 个月以来投资评级因子的变动趋势。首先基于投资评级因子计算出每日投资评级变动情况，如昨天的投资评级是 1.29 分，今天的投资评级是 1.27 分，则今天的每日投资评级变动为 -0.02 分。然后将过去 6 个月的每日投资评级进行加权、平滑等操作，得到今日的投资评级变动分数。投资评级变动因子为负数，代表股票的投资评级有变好的趋势，其数值越小代表趋好程度越高。

第三，投资评级调整因子。反映过去 6 个月以来所有投资评级调整事件的综合趋势。投资评级调整事件定义为某家机构在 6 个月内对同一只股票发布了不同的投资评级，比如某券商在 2018 年 1 月 1 日对股票 s 发布了 "买入"评级，在2018年4月27日对股票s又发布了"增持"评级，那么这就是一次评级下调事件。将过去6个月所有的投资评级调整事件进行量化加和，就形成了投资评级调整因子。

第四，综合评级变动因子。综合评级变动因子就是将投资评级变动因子和投资评级调整因子综合起来形成的因子。

为了测试模型的有效性，智语科技基于因子值（排除没有投资评级或投资评级家数过少的股票）将整个股票池分为五个分位，并对各因子值第一分位的股票组合进行历史回测。从2013年1月1日到2019年4月30日，在考虑了交易手续费的情况下，投资评级系列因子所取得的业绩表现如下（见表6）。

表6　投资评级系列因子的回测收益表现

单位：%

因子名称	策略收益	基准收益（沪深300）	策略年化收益	基准年化收益	年化超额收益
投资评级因子	106.18	53.35	12.11	6.99	5.12
投资评级变动因子	135.29	53.35	14.47	6.99	7.48
投资评级调整因子	186.73	53.35	18.11	6.99	11.12
综合评级变动因子	211.35	53.35	19.65	6.99	12.66

与护城河因子类似，可以通过在投资评级变动因子上叠加一些驱动力强的因子来提升收益。自2013年1月1日到2019年4月30日，将综合评级变动因子叠加成长性因子的策略表现见表7和图9。

表7　综合评级变动叠加成长性因子组合的回测收益表现

单位：%

策略收益	基准收益（沪深300）	策略年化收益	基准年化收益（沪深300）	年化超额收益
340.47	53.35	26.39	6.99	19.40

可以看出，投资评级的边际变化具有显著的阿尔法，其中综合评级变动因子由于结合了评级变动和评级调整两类因素，具有最强的超额收益能力。

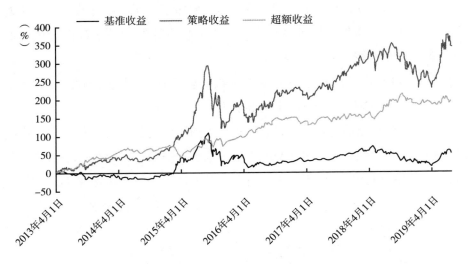

图9 综合评级变动叠加成长性因子组合的收益曲线

作为一簇深度数据，投资评级系列因子因其来源于机构研报，股票池天然具有流动性和驱动力较强的特点，非常适合作为基础阿尔法因子，可以进一步结合技术面或其他财务因子进行策略开发。

（三）智语投研平台的实盘策略跟踪

浙江网新智语投研（以下简称智语投研）平台是智语科技基于智能策略研究框架开发的一个 Web 系统，采用图形化手段，展示了智语科技的机器人投顾模型，为普通的个人投资者查看和使用智能模型提供了方便。平台有多种模型可供选择，其中每个模型以文字、图表展示下列内容。

（1）模型逻辑。对采用模型背后的基础理论和相关数据做适当讲解。比如"护城河成长"的模型逻辑说明为："从基本面逻辑来说，既拥有护城河又具有高成长性的公司无疑是完美的。从统计角度看，优质公司当下的高成长指标常常能激发市场中期的追捧；而一旦未来的成长性逐渐坐实，股价将享受更大的爆发。历史回测表明，护城河成长因子超额收益显著，且能够穿越牛熊。"

（2）收益概述。用详细的数字描述模型从起始日（2013 年 1 月 1 日）到最新一个交易日的策略表现，提供策略总收益、策略年化收益、近一个月收益、近三个月收益、近一年收益、最大回撤、夏普比率、平均持仓股票数等重要指标信息。

（3）收益曲线。以曲线图表展示从起始日到最近一个交易日的基准收益（沪深 300 指数）和超额收益。

（4）历史持仓信息。展示运用此模型策略的历史记录上每个交易日的股票交易信息，提供持仓股票和调仓股票信息用于查询（见图 10）。

历史持仓、调仓信息：2019-05-29

持仓信息　调仓信息

股票名	行业	总市值(亿元)	PE(TTM)	ROE(TTM)	投资评级	评级机构数	1月涨幅	3月涨幅	1年涨幅	单季净利润同比	护城河评分
古井贡酒 000596	食品饮料	545.05	28.72	0.24	1.10	20	0.79%	38.31%	44.44%	31.83%	★★★★
苏泊尔 002032	家用电器	581.36	33.56	0.26	1.36	22	6.20%	17.38%	46.44%	13.47%	★★★★
洋河股份 002304	食品饮料	1770.71	20.45	0.22	1.25	24	-1.04%	6.92%	-8.47%	14.28%	★★★★★
伟星新材 002372	建筑材料	254.32	25.41	0.27	1.48	21	2.75%	17.93%	12.14%	16.17%	★★★★☆
爱尔眼科 300015	医药生物	903.06	82.78	0.20	1.42	24	6.05%	22.23%	22.19%	30.15%	★★★★
中国国贸 600007	房地产	136.69	16.71	0.12	2.33	3	-5.04%	-6.28%	-2.30%	20.08%	★★★★
上海机场 600009	交通运输	1380.60	29.34	0.16	1.48	23	2.41%	25.45%	35.25%	31.96%	★★★★
招商银行 600036	银行	8670.58	10.43	0.16	1.50	28	-2.96%	0.42%	19.13%	11.29%	★★★★
中恒集团 600252	医药生物	102.17	15.26	0.09	--	0	-7.56%	-2.65%	-20.54%	14.62%	★★★★
恒瑞医药 600276	医药生物	2765.28	64.18	0.22	1.23	26	-2.16%	9.38%	8.92%	27.76%	★★★★
片仔癀 600436	医药生物	646.76	52.96	0.24	1.35	20	-6.90%	3.09%	-0.35%	24.57%	★★★★☆

图 10　机器人投顾模型的历史持仓信息示例

目前，智语投研平台已经投放了五个智能投顾模型，分别是护城河成长、高评级成长、护城河、投资评级变动、一致预期变动模型。自 2016 年 1 月 1 日至 2019 年 4 月 30 日，策略全部战胜沪深 300 指数，平均收益率达到 54.63%，平均每年战胜沪深 300 指数 12.66%，与同时期市场上所有的股票型公募基金相比，排名达到前 12% 左右。收益表现如图 11 所示。

若将时间放长到 6 年多，也就是自 2013 年 1 月 1 日至 2019 年 4 月 30 日，则五个策略的平均收益率达到 322.39%，平均每年战胜沪深 300 指数 18.67%，在同时期股票型公募基金中能排到前 1% 的位置。由此可见，机器人投顾在长周期的投资中收益优势明显（见图 12）。

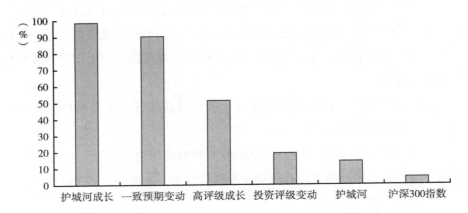

图 11　智语投研平台上线策略收益表现（2016 年 1 月 1 日至 2019 年 4 月 30 日）

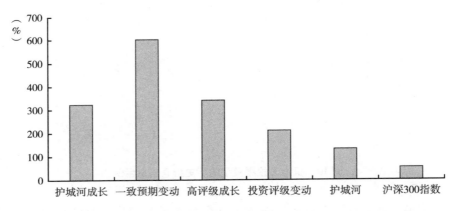

图 12　智语投研平台上线策略收益表现（2013 年 1 月 1 日至 2019 年 4 月 30 日）

五　总结及展望

从发达国家的经验来看，股票市场的长期投资收益显著高于其他投资品，但中国 A 股市场的巨大波动以及个人投资者的信息劣势，使得普通投资者在股票市场难以获得长期稳健的收益。智语科技机器人投顾产品基于智能算法挖掘出股票市场的客观规律，是适用于理性投资的普惠性投资工具，能够帮助投资者获取长期稳定的投资收益。

智语科技已经打造了完整的金融大数据系统和智能策略研究框架，并在此基础上开发出智语投研平台和智语良投 APP 两款产品，分别服务 PC 端和移动端的用户。目前产品已经拥有约 5 万名用户，并获得了上千万元的融资。2017～2018 年，A 股市场行情惨淡，但是智语科技帮助数万名投资者获取了年化近 20% 的收益，赢得了用户的信任。智语科技未来的发展方向是寻找和汇集更多的数据源，基于新的信息维度挖掘有效因子，如从文本数据中做精细化的情感提取，从互联网交易数据中获取企业和行业的经营态势等，通过更丰富、更实时的信息输入，进一步提升模型的自适应能力。

B.6
5G移动通信使大数据应用发展更加广阔

周耀明　袁乐　范寅　蒋铖*

摘　要： 5G移动通信、大数据等新技术、新应用的兴起，为社会进步、民生改善和城市治理带来了深刻的影响，成为驱动数字经济发展、经济社会转型发展的重要因素。安徽联通与宿州市政府通力合作，共同把汴北新区打造成5G环境下的新兴产业示范区，与大数据技术应用结合，积极发展云计算、智能制造、智能家居、智能机器人、VR/AR制造、影视娱乐（直播）等新兴业态，并致力于将示范园区建成创业引领、人才集聚、生态文明的智慧新城区。

关键词： 5G　大数据　智慧城市

一　引言

随着全球化、数字化、智能化进程的加快，数字价值不断得到释放，大数据应用为社会进步、民生改善和国家治理带来了深刻的影响，成为驱动数字经济发展、经济社会转型发展的重要因素。在我国积极实施创新驱动发展战略的关键时刻，推动大数据和5G通信技术的深度融合，对

---

* 周耀明，博士，高级工程师，中国联合网络通信有限公司安徽省分公司政企客户事业部总经理；袁乐，中国联合网络通信有限公司安徽省分公司系统集成公司技术总监；范寅，曾长期在思科、联发科、腾讯等公司从事系统软件、算法开发研究工作；蒋铖，安徽省通信学会大数据与人工智能专业委员会秘书长。

推动传统产业的新兴产业改造和对我国经济持续高质量发展具有重要意义。

2019 年 6 月 6 日，工信部正式发放 5G 商用牌照，中国 5G 进入商用，加速进入"信息化新时代"[①]。5G 网络是第五代移动通信网络，5G 是新一代信息通信基础设施的核心，其具有 20Gbps 的理论峰值传输速度，远高于 4G 网络。5G 不仅带来了传输速度的极大提升，其大规模连接能力更是让"万物连接"的设想变成现实，人与物、人与人之间的连接效率成倍增加，实现海量数据的瞬间产生和传输。基于 5G 网络推进的生产基础设施和社会基础设施的数字化改造，也使大数据、云计算、物联网等技术与应用从概念走向实际，从抽象走向具体，必将进一步促进大数据的蓬勃发展。

5G 网络的应用意味着物联网在应用技术基础上迈出了一大步。对于智能装备、智能家居、智慧物流、智慧农业乃至智慧城市建设，5G 可以起到更强劲的"动能"输出作用，从而让更多的设备成为信息与数据的传输纽带。例如，无人驾驶要求通信的超高可靠性和超低时延，此要求唯有 5G 技术可以满足，因而 5G 的实施能够让以 AI 为核心的无人驾驶技术成为现实。此外，5G 技术可应用于城市道路的数字化改造，实现城市道路的路车协同、车车协同、后端监控系统与路面信息的高速协同，从而把道路变成真正的信息化高速公路。在远程医疗、教育等领域，5G 技术也能让"遥控"变得更为可靠便捷，可以实现互联网教育的网上万人授课、一线城市学校与乡村小学的远程同堂教育，大大提升远程教育的现场感，有利于教师与学生、异地学生之间的交流与互动，改善城乡教育之间的信息不对称。因此，5G 网络与大数据等技术的结合和应用所产生的社会价值及商用价值是并驾齐驱的，将推动智慧城市、智慧乡村以及未来智慧社会向前发展。

[①] 《2019 年 6 月 6 日，工信部发放 5G 商用牌照，中国正式进入 5G 商用元年》，2019 年 6 月 29 日，http://www.sohu.com/a/319014812_120060349。

目前，我国已经开始 5G 应用的推广及相关配套措施的实施工作。多地开始铺设 5G 试验基站、体验中心，逐步完善基础设施建设，让更多的人接触和了解 5G 带来的各种变化，积极做好对应的软硬件和培训教育准备，为接下来的 5G 技术和设备全面落地打下坚实基础，构建了更开放、更包容的准入体系，为 5G 万亿元市场潜力的大规模爆发做好了铺垫。各级政府也在积极推动 5G 应用的普及和发展，利用先进的 5G 网络产品结合大数据、云计算、人工智能等新技术的应用，加快创新型建设，积极把握新一轮科技革命和产业变革大势，深入实施创新驱动发展战略，不断增强经济创新力和竞争力[1]，实现经济高质量快速发展。

二 5G 移动通信

5G 是第五代移动通信技术（5th generation mobile networks 或 5th generation wireless systems、5th-Generation）的简称，是最新一代蜂窝移动通信技术，是 4G（LTE-A、WiMax）、3G（UMTS、LTE）和 2G（GSM）系统的延伸。与前几代技术相比，5G 追求的是高数据速率、大规模设备连接、减少延迟、节省能源、降低成本的性能和目标。

5G 网络的一个优势是其数据传输速率远远高于以前的蜂窝网络，最高可达 10Gbit/s，高于当前普遍使用的有线互联网，比 4G LTE 蜂窝网络快 100 倍[2]，可以满足高清视频、虚拟现实等大数据量传输的要求。5G 网络的另一个优势是其网络延迟低于 1 毫秒，响应时间更快，能够满足自动驾驶、远程医疗、工业互联网等实时应用的要求。此外，5G 具有超大网络容量，可以连接千亿台设备，满足物联网通信要求，使万物互联成为现实。

5G 移动通信网络具备了连接逾千亿台设备的能力，与光纤接入对等的

① 《李克强说，加快建设创新型国家》，2018 年 3 月 5 日，http：//www.gov.cn/guowuyuan/2018－03/05/content_ 5270923. htm。
② 王文勇：《5G 通信技术在消防救援工作中的应用展望》，《今日消防》2019 年第 5 期，第 48～49 页。

连接速度，具备超高连接密度、超高流量密度以及超高移动性的特征，可以极大地提升能效并极大地降低比特成本，适用于丰富多样的场景，最终实现"信息随心至，万物触手及"的"万物互联"的总体愿景；实现从移动互联网走向产业互联网，将承载4K/8K视频、AR/VR、物联网、自动驾驶等各类行业应用，是产业发展的关键驱动力。同样，随着5G移动通信的高速发展而产生的大量数据，为大数据应用注入了新的数据来源，5G技术将与大数据等其他技术结合，为创造智慧社会贡献力量。

三 大数据助力5G更广泛发展

随着5G移动通信网络覆盖的不断完善，5G技术应用不断深入，大大加快了无线大数据的增长速度。5G推广所带来的通信基础设施的建设，为大数据崛起和发展奠定了良好的基础。伴随着5G时代的到来，大数据在社会和产业各领域都会得到广泛的应用，在诸如无人驾驶、远程教育、AR/VR等5G应用上也会有很广阔的空间，推动5G走得更远。

随着产业互联网等概念被越来越多的传统企业接受，传统企业在不断通过数字化手段谋求转型寻求发展，大数据应用已从互联网企业逐渐渗透并影响到越来越多的传统行业。大数据在行业应用过程中产生了规模庞大的数据，存在大量数据迁移，这对数据时效性与传输速率提出了更高要求，5G的实现弥补了原有网络移动通信的不足，满足了海量数据传输、存储、处理的需求。从目前看5G对大数据的主要影响有如下几点。

（一）5G技术给大数据带来数据结构以及技术的影响

从数据维度来看，5G带来的数据量更大，数据结构更为复杂。主要表现在：5G具备大规模连接的能力，每平方公里连接设备数量可达到几十万台，海量物联网的感知层将产生海量的数据。5G具备的超高连接速度，使数据采集更加快捷方便，这些也将带来数据的海量增长。5G的发展带动了物联网的发展，使得人与物、物与物之间产生的数据类型进一步丰富，如无

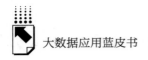

人驾驶汽车、无人机、机器人等应用交换。5G带来丰富的应用，如车联网、智能制造、智慧能源、智慧医疗、无人机等创新型应用将创造新的丰富的数据维度，AR、VR等视频非结构化数据所占比例也将进一步提升①。

从技术角度来看，5G的拓展带来大数据技术的挑战，主要有5G的发展带动海量数据、数据种类爆发式增长，传统的大数据平台难以有效应对复杂、多样、海量的数据采集、处理的任务，海量、低时延、非结构化的数据特点将进一步促进数据处理和分析技术的进步，推动大数据技术和应用的发展。5G时代下有45%的物联网数据将通过边缘计算进行存储、处理和分析，也促使数据中心的工作流程优化。尽管边缘计算减缓部分负载压力，但物联网设备不断增加的数据流入，将进一步促进数据中心安全性和稳健性的改善和重塑。5G时代AI将进一步发挥作用，其对于大数据的采集能力、处理能力的要求更高。

（二）大数据在5G场景的应用更加广泛

得益于5G的高带宽、低时延和大规模连接等特点，大数据所承载的业务形式更加复杂多样，其商业价值将得到更多挖掘。在5G时代的应用场景中，每项垂直行业应用都与大数据有千丝万缕的关系，包括：AR/VR的实时计算机图像渲染和建模、车联网的远程驾驶、编队行驶和自动驾驶、智能控制的无线机器人云端控制、智慧能源的馈线自动化、无线医疗的远程诊断、无线家庭娱乐的超高清8K视频和云游戏、联网无人机的专业巡检和安防、社交网络的超高清/全景直播、个人AI辅助的智能头盔、智慧城市的AI视频监控等。

（三）大数据在联网车辆领域的应用

在5G应用环境下，物联网和大数据协同工作，汽车联网成为可能并将取得更大的进展。例如，5G网络可以促进高科技车辆之间的数据传输，这

---

① 王丽丽：《5G为大数据产业带来七大影响》，《通信产业报》2019年7月29日。

些车辆将不断访问关于路线的信息、其他车辆的位置信息等，做出行驶路线、驾驶方式的判断。而低技术等级的车辆也将部署传感器，收集、传输和分析有关乘客的偏好、驾驶小时和交通拥堵等信息，从而智能化地做出相应调整。以上这些都离不开大数据存储库的支撑。

（四）提供大数据预测客户需求的新途径

5G网络与物联网应用以及大数据的专用功能结合起来，可以提供满足客户需求的新手段。例如，对消费者无意识消费的行为做出分析和判断，通过物联网传感器和大数据分析，加上5G网络高速传输，企业可以研究客户的集体见解，并用来指导产品发布和营销活动，而无须等待漫长的回应调查时间。此外，在物联网传感器以及大数据技术的支持下，大规模产品质量回溯问题有望得到解决。

（五）大数据在智慧城市发挥更大的作用

5G网络的发展，将促使物联网设备大量使用，结合大数据的应用，使得智慧城市的感知能力更强。大数据与5G的结合，赋予了智慧城市更多的功能。例如，通过嵌入人行道的5G物联网传感器，利用大数据可以为城市规划者提供有关交通何时达到峰值的信息，并立即将这些数据传递给城市管理人员，让他们对整个城市的交通流量模式、特定灯光或其他方面进行实时调整，也可以根据季节性流量或其他短期参数对器件进行运行模式的更改。因此，大数据的应用可以使5G网络运行得更好。

四　汴北新区智慧城市整体规划

2013年2月，经安徽省政府批复，首期规划7.4平方公里总体管辖36.5平方公里的安徽省宿州高新技术产业开发区在安徽省宿州市汴北新区（以下简称汴北新区）落地，园区致力于发展云计算、智能制造主导产业，培育半导体、石墨烯、量子通信等新兴产业。园区积极承接高新技术产业转移，重点发展云计算、文化创意、智能制造等产业，促进产城融合发展，增强人口集聚能力。优化汴河两岸空间布局，加快两岸滨水、古迹等高价值地段开发速度，加强教育、医疗、文化等公共服务设施建设，完善商业生活配套，提升城市功能，打造政务、文化、人居、教育和高新技术研发中心。

为加快汴北新区智慧城市建设，使汴北新区成为自主创新核心示范区、安徽智能制造产业集聚区，园区力争到2020年基本建成宿州新兴产业示范区、创新创业引领区、高端人才集聚区、生态文明新城区，努力完成建成全国重要的云计算大数据产业基地、国家级大数据综合试验区等目标。借鉴国内外智慧城市建设经验，为应对汴北新区城市发展面临的种种挑战，园区以信息化助力汴北新区城市发展，按照"信息化强政、信息化便民、信息化惠农、信息化兴企"的思路，建设"智慧汴北新区"；以科学发展观为指导，充分发挥城市智慧型产业优势，集成先进技术，推进信息网络综合化、宽带化、物联化、智能化；按照夯实智慧基础设施、实施智慧运行、开展智慧服务、发展智慧产业的既定目标制定总体目标。通过参考上海、杭州、南京、深圳等地智慧城市建设经验，结合安徽宿州地区经济技术发展环境，在建设汴北新区智慧城市时园区主要坚持以下四个原则。

第一，融合大数据驱动新型智慧城市发展[①]。把大数据建设作为智慧城市建设的重中之重，实现公共服务数据的多方共享，协调各部门实现制度对接，实现跨业务部门的数据协同。

第二，重塑政务信息数据共享体系，助力智慧城市攻坚克难。解决各个部门信息系统建设因时间不同、标准不同而缺乏顶层设计等历史问题，建设权威、准确、完整、关联、体系化的数据资源，打破"信息孤岛"，提高智慧城市的整体效益。

第三，公共服务平台支持对接与开放，集约共享，解决城市管理问

---

① 赵滨元：《新型智慧城市的发展演革与推进建设》，《上海城市管理》2018年第6期，第10~14页。

题。借鉴多个城市地区的数据开放平台运营经验，探索政企之间双向数据流通：通过智慧城市建设的公共服务平台提供对接与开放接口，向社会开放城市非涉密数据的使用权。鼓励企业和个人开发者将数据贡献出来，共同为城市精细化管理提供数据支撑，激发社会力量参与城市数据服务创新。

第四，以城市运营管理中心为枢纽，促进业务系统协同发展。着力做好交通设施和车联网建设工作，实时感知城市交通拥堵状态，自动调整路口红绿灯和潮汐车道。通过公共区域高清摄像头人脸识别比对，核查犯罪嫌疑人，并推送相关信息到距离最近的警察执法终端。城市运营管理中心将成为城市运行管理的"大脑"和"中枢"。

五　汴北新区智慧园区建设

（一）智慧园区建设

随着智慧城市建设的持续推进，在智慧园区建设过程中，要满足不同人群的需求。对于运营者而言，他们需要高效智能的管理、绿色节能的设施[1]；对于建设者而言，完善的生活服务是他们的首要需求，智慧园区的长远发展更是需要丰富各类服务资源及提供良好的办公环境。围绕园区的发展要求和智慧化需要，本期工程将结合5G、大数据及物联网技术，将众创空间产业园打造成智能园区，对重点管控异常行为进行精准感知，对一些事件进行预测预警，实现管理、工作、生活智慧化，打造三位一体智慧园区。

（1）利用数据可视化手段，实现各类感知点位地图撒点，部署视频摄像机、人脸抓拍机、门禁控制器、车辆道闸、地磁、烟感、燃气探测、消防门磁、水质监测、井盖监测、RFID控制器、GPS定位装置、一键报警器等

---

① 周世义：《中国智慧园区发展报告》，《中国房地产》2017年第17期，第36～39页。

多种感知设备；实现感知设备检索以及基本属性、实时数据的查看；利用可视化手段掌握和统计园区情况，包括对房屋总量、人口总量、单位数量、场所数量、部署的感知设备数量、故障设备数量等进行统计；对大门、道路、门洞场景视频点分类展示以及实时浏览；基于可视化的实时预警信息，提供告警时间、告警设备类型、告警位置、告警类型等信息，支持告警信息与地图告警设备联动显示。

（2）基于物联网人口管控，对进出园区的人像抓拍视频进行实时展示，包括抓拍时间、抓拍地点、抓拍照片等信息，并将实时抓拍的人脸照片与本地业主人像库进行比对，对重点人员库人员进行对比后，能够实时产生告警信息，并将信息推送至客户端。

（3）基于物联网车辆管控，对进出园区的车辆信息进行实时监控。采集包括车辆图片、车牌号码、车辆品牌、通行方向等信息；记录园区各出入口车辆的进出数量，对园区停车位状况做出预测；控制外来车辆进入园区停留的时间，对于可疑车辆提供其在园区内的行进轨迹，辅助值班人员快速定位；对于进出园区车辆与重点管控车辆库进行实时比对及告警。

（4）基于大数据技术的数据管理，对进出园区的人口、车辆信息，园区内人口、车辆、设备等多种告警信息支持多维度检索，并进行统计分析。

（5）为园区管理工作人员提供移动端应用，对工作人员进行消息管理，对于各种告警信息按工作人员职责划分并进行分发。

（6）为实现上述目标进行基础设施建设，包括各类传感器部署安装以及5G信号覆盖等。

（二）智慧管理平台

建设智慧管理平台的目的在于通过采用数据集成、平台框架、模块构建的方法，突显"万物互联、集聚集约、智能高效、安全可控、便捷服务"的特色，结合园区自身特点及应用现状，充分利用物联网、云计算、大数据、视频监控、地理信息系统、信息识别等新一代信息技术，突出信息化基础设施和感知信息源建设、软件系统集成应用、资源共享开发，构建全方位的综合管理平台，通过网站、移动终端、信息显示屏、综合大屏等多种方式进行综合展示和联合应用，使各项工作更加高效，安防管控更加智能，资源利用更加节约，智慧服务更加便捷，提升园区全面信息化建设的层次。

1. 大数据云服务中心

根据宿州智慧城市—汴北新区的总体架构设计，大数据云服务中心是综合应用平台和态势显示系统的基础支撑环境，主要由云计算基础设施、业务中台、数据中台、智能中台、综合应用平台、运维管理、安全防护构成。

第一，云计算基础设施。在通用的硬件基础设施之上，通过分布式操作系统的云化能力，提供计算、存储和网络资源池，在此基础上为上层应用提供弹性计算、高性能计算、容器、负载均衡、虚拟网络、数据库、对象存储等通用服务能力支撑。

第二，业务中台。提供分布式应用中间件，用于支撑服务间交互，实现服务的弹性伸缩，满足各类突发流量和并发访问需求，同时对服务的全生命周期进行管理和全链路进行监控；提供统一的服务发布注册机制，在此基础上沉淀通用的业务服务，并面向智慧园区提供一系列业务支撑服务，如身份认证、权限控制、规则引擎和地理信息服务等。

第三，数据中台。用于接入、加工、处理和分析各类数据，提供大规模计算支撑环境，支持离线计算、图计算和流式计算等；提供相应的大数据开发工具支持，包括数据服务、数据资产、数据集成、数据展示、数据探索、数据开发等；对用于支撑业务的数据资产进行管理。在此基础上，面向园区管理的业务需求，围绕人员、车辆、场所、事件、设备构建智慧园区的主题库，为上层智能业务应用开发提供数据支撑。

第四，智能中台。提供通用的算法学习训练平台，并提供面向业务的智能算法支撑服务，包括车辆识别、人脸识别、行人识别等基础核心算法及与大数据相关的各类统计分析算法。

第五，综合应用平台。提供园区安防、人员管理、车辆管理、动环监控、智慧服务，并在统一的地理信息系统和综合信息显示系统支撑下，通过

态势综合显示系统将园区管理的综合态势呈现给用户。

第六，运维管理。建设统一的运维体系，全面支撑IDC（互联网数据中心）云计算基础设施、业务中台、数据中台、智能中台、综合应用平台、安全防护等各方面的运维服务，确保系统安全可靠运行。

第七，安全防护。建设云平台统一的安全防护体系，具备全面立体的攻击防御和安全审计能力。

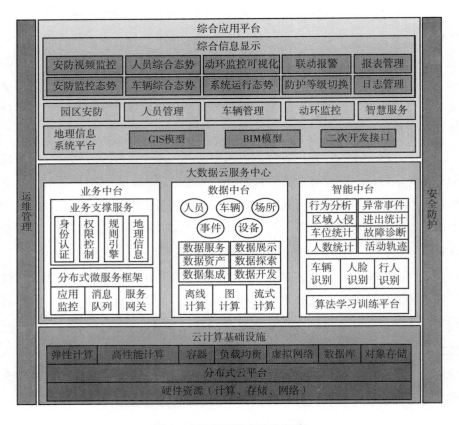

图1 大数据云服务平台架构

2. "园区大脑"

能将分散在园区内各单位、区域的数据连接起来，通过对大量数据的分析和整合，对园区进行全域的即时分析、指挥、调度、管理，从而实现对园区的精准分析、整体研判、协同指挥。

"园区大脑"的建设，需融合物联网、人工智能、大数据、云平台、自动控制技术手段，实现对园区内人员、车辆、动环、围栏、事件多维数据的实时动态采集与分析，并结合跨域跨单位的共享数据，依托云平台大数据中心进行数据汇聚、数据加工、智能分析和整体研判，以满足政府对智慧园区的管理需求（见图2）。

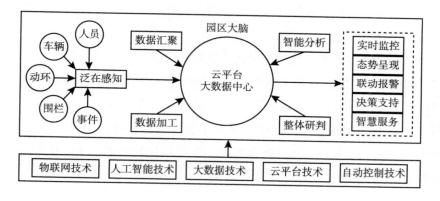

图2 "园区大脑"建设思路

"园区大脑"按照打好基础、急用先建的原则分步建设。首先依据研制任务书要求重点开展基础平台及部分急用应用系统建设，实现重点区域及设备设施的安全监控，园区人员车辆的智能化管理，园区综合态势的实时掌控，园区管理服务的便捷高效。未来重点着眼于园区智慧服务及管理能力的拓展，基于云平台大数据中心建设丰富的智慧应用，使"园区大脑"更具智慧化。

3. 应用场景

在汴北新区建成一张具备展示和应用动能的5G试验网，实现"一路场景""一厅场景""一园场景"，即在汴北新区竹邑路建设实现智慧路灯、自动驾驶，在汴北新区智慧展厅部署100平方米5G性能及应用展示区，在汴北新区众创空间产业园部署无人驾驶、无人机全景直播和智慧园区等相关应用。

（三）智慧园区基础设施建设

1. 5G 端到端整体网络

无线部分新建 5G 基站（宏站、室分）及 5G 网管，并采用 X2 接口实现同址的 4G 基站与 5G 基站连接。目前核心网已开通 NSA 组网方式，采用华为设备 3 个机柜 + 22 台服务器，支持 10 万台 PDP（Plasma Display Panel，等离子显示器），其承载能力保留按需扩容能力。

2. 5G 无线网络

汴北新区 5G 示范区整体场景无线覆盖解决方案采用"宏站 + 数字化室分"立体架构组网。5G 宏站采用标准三扇区方式部署建设，通过 20 米以上的挂高可以实现单扇区覆盖半径 200 米以上，且覆盖区域内均能满足下行 200Mbps、上行 50Mbps 以及 5G 电平值不低于 − 90dBm。5G 宏站实现汴北新区 5G 示范区室外场景的 5G 全覆盖，支撑该区域内所有 5G 业务的演示（见图 3）。

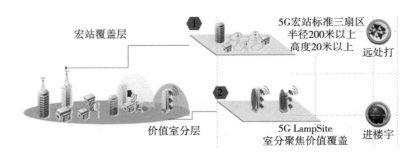

图 3 5G 无线网络整体规划

3. 5G 无线网络宏站

5G 宏站采用 64T64R、192 阵子 200W 大功率宏站设备，单站采用标准三扇区方式组网部署（见图 4）。

汴北新区 5G 示范区为满足"一路场景"及"一园场景"网络覆盖要求和业务演示条件，共规划 9 个 5G 宏站（见表 1）。

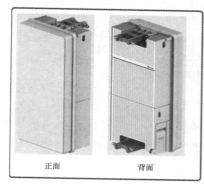

AAU5613	
尺寸（长×宽×高）	795mm×395mm×220mm
重量（kg）	40
频段（MHz）	模块（1）：3400~3600MHz 模块（2）：3600~3800MHz
输出功率（W）	200W
散热	Natural Cooling
最大工作风速（km/h）	150
生存风速（km/h）	200
载波配置	单载波：100M/80M/60M/40M 双载波：2×100M，2×40M
典型功耗（W）	850~950W（最大功耗300W）
工作电源	-36~-57VDC
BBU接口	eCPRI速率2×24.3302G bit/s
安装方式	支持抱杆、挂墙安装（抱杆转接）场 景支持±20°连续机械倾角调整

正面　　　　　背面

图4　5G 宏站以及设备参数

表1　5G 无线宏站详细规划参数

站名	经度	纬度	站型	建设方式	塔型	塔高
高新区公安大队	116.97212°	33.69098°	室外站	新建	角钢塔	50 米
宿州呈泰双子座顶楼（附楼）	116.96446°	33.690765°	室外站	新建	楼顶方柱	3 米
量子中心研究所	116.96486°	33.691446°	室外站	新建	楼顶方柱	3 米
儿童医院西北	116.95855°	33.690209°	室外站	新建	单管塔	35 米
高新区中卡通动漫产业园	116.95177°	33.689479°	室外站	利旧	单管塔	30 米
高新区小李庄	116.94651°	33.689911°	室外站	利旧	快装站	30 米
阿尔法	116.94041°	33.690717°	室外站	新建	单管塔	35 米
竹邑路西	116.93357°	33.689847°	室外站	新建	单管塔	35 米
宿州芒砀路与唐河路交叉口	116.93945°	33.685162°	室外站	新建	单管塔	35 米

4. 5G 无线网络数字化室分

5G 数字化室分架构采用光电架构，头端采用 4T4R、250MW 大功率 pRRU 头端设备方案组网。

汴北新区 5G 示范区共规划 2 个室分站点、3 个 RHUB、19 个 pRRU（4T4R），满足"一厅场景"及其他室内网络覆盖要求和业务演示条件，包括高新区管委会大楼一层以及云数据体验中心一层部署数字化室分方案。

5. 5G 无线网络室外宏站

园区为展现无人驾驶、无人机、智慧路灯等应用场景，设立仿真区，使

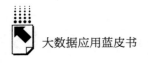

之成为"一厅场景""一路场景""一园场景"的室外区域，仿真规划以平均站间距 380 米设立 9 个宏站站点。

规划区域内的室外覆盖效果可实现下行 500M 速率 100% 满足，上行 50M 速率 100% 满足，电平值 RSRP －75dB100% 满足。

6. 高清无人机

园区利用 5G 通信技术，采用无人机演示 360°全景直播。无人机搭载 CPE 和 360°全景摄像头在园区上方飞行，将 360°视频实时传输到地面上的 VR 眼镜，具有时效性强、机动性好、方便灵活、巡查范围广等优点。

7. 智慧路灯

园区结合智慧城市建设规划，围绕城市资源、管理和服务三大要素，以构建数字化的人居环境、提升城市综合管理能力为出发点，在汴北区竹邑路建设了长 3.6 公里的智能路灯带，满足了区域内无线覆盖、信息发布、信息查询、安防、环境监测、应急需求。

8. 无人驾驶

在汴北新区竹邑路及众创空间产业园搭建无人驾驶仿真区，基于 5G 的自动驾驶系统实现红绿灯十字路口遇行人和动态其他障碍物停车、自主跟车、自主超车、自动代客泊车、远端全景等功能，完成车辆底层线控改装、自动驾驶系统设计、远程全景监控平台搭建等工作。在此基础上，实现围绕 5G 的系列子系统（包括车内设备、路侧设备、数据中心、高精定位、高精地图、远程车辆控制、停车位监测等）的搭建和总体集成，从而使测试车辆实现基于自主传感和 5G 场景应用支撑下的智能驾驶。

9. 大数据综合信息展示

为集中展示和汇总园区智慧设施运行情况，园区设立了大数据综合信息展示厅，集中展示安防视频监控、人员车辆管理、动环监控可视化、系统运行态势、园区环境三维综合态势和各类报警等信息。展示厅按照"数据集中存储，信息综合利用"的应用模式，依托云平台、监控中心大屏显示系统及相关业务职能部门的视频监控终端，将安防视频监控、人员车辆管理、车辆综合态势、门禁安防态势、动环监控可视化等各类前端采集的关键信息，通过后台云计算平台智能分析功能，实现在"一个平台、一幅图"上集中呈现各类综合信息。系统能够按照核心区、工作区、生活区分区分级显示智慧园区运行综合态势、园区环境三维综合态势和各类报警等信息，且具备日志审计及各类报表管理功能。

结　语

随着5G时代的到来，物联网、无人驾驶、智慧城市建设深入发展，大数据将从概念走向应用，从抽象走向具体，大数据应用的更多落地将在5G普及的基础上实现，5G也成为大数据由理论走向落地的高效催化剂。大数据利用5G的网络基础来提供智能化应用，5G的网络智能化运营管理和5G所带来的广泛应用也需要利用大数据手段进行优化、智能化，大数据在5G的应用有很广阔的空间。

案 例 篇

Cases

B.7
浅析上海市公共数据管理与共享体系

朱宗尧　刘迎风　储昭武*

摘　要： 城市公共数据中蕴藏民意和民心，它是社会运转的直接记录，是社会规律的直接体现。在"数据即资源"的大数据时代，海量的公共数据对于全社会而言无疑是宝贵的资源。然而，城市公共数据量大、类型多，如何更好地管理和利用公共数据，提升政府服务水平，打响政府服务品牌，已成为目前社会各界关注的话题，也是上海市大数据中心的工作重心。保障数据安全，发掘大数据中的民意和民心，利用大数据、互联网优化政府工作流程，更快、更优地为企业和民众服务，

---

* 朱宗尧，工学学士，管理学博士，工程师，上海市人民政府办公厅副主任，上海市大数据中心党委书记、主任；刘迎风，上海市大数据中心副主任，长期从事智慧城市规划、信息化项目管理、电子政务云建设、公共数据管理等工作；储昭武，上海市大数据中心数据资源部高级工程师，长期研究信息化技术发展及政务数据资源共享应用技术，从事政府信息化项目设计规划及建设运维工作近15年。

是利用大数据改善政府服务质量、满足群众需求的重要内容。本文将基于上海市大数据中心对城市公共数据的统一集中管理与共享现状，在建设智慧城市、智慧政府的新背景下对公共数据、数据湖等概念进行再发展，探索管理和利用公共数据的需求，并将它们有机结合，提出以城市公共数据湖为基底，以包含"四梁八柱"的市级数据库为支撑，以"三清单一目录"为公共数据供需管理模式，以应用场景授权为主要共享方式，进一步深化"放管服"改革的新型城市公共数据管理与共享体系。截至目前，上海市大数据中心数据湖设计总容量5400TB，已归集数据4.68PB，已抽取数据87.7亿条。其中人口库数据总量5120GB，电子证照库数据总量91020GB，有效入湖数据79.98亿条。此体系解决了城市管理者管理公共数据的技术难题，为城市管理者提供了城市公共数据的管理和共享方式，实现了政府从管理水平到服务质量的提升。

关键词： 公共数据 数据湖 数据管理 数据共享

一 引言

随着大数据时代的到来，城市公共政府产生了海量的公共数据。城市公共数据呈指数级增长，在"数据即资源"的大数据时代，对公共数据实现集中统一管理已成为共识。截至目前，上海市大数据中心已归集数据4.68PB，已抽取数据87.7亿条，已抽取委办单位56个，在地方政府数据开放评估和智慧城市发展水平中居全国领先水平。上海市委、市政府提出加快建设智慧政府、推动"一网通办"实施的步伐，上海市大数据中心全力推进"一网通办"政务服务系统建设。系统的实施实现了数据中心化，提供了智能化的政务服务。截至 2018 年底，上海市大数据中心已完成 362 个项目上云服务，完成 1.5 万条公共数据目录编制，累计抽取入湖数据 87.7 亿条，四大基础库累计调用 4.8 亿次，数据服务接口累计调用 533.76 万次，面向各区数据库表交换约 5.39 亿条，完成与国家共享交换平台的级联对接，国家数据累计调用 243.13 万次。

然而，在对公共数据实现集中统一管理的过程中，出现了一些问题。其一，部门内系统数据整合不足，数据管理能力不强；其二，部门间数据交换共享不够，存在"数据孤岛"现象；其三，公共数据质量不高，数据价值未能充分挖掘；其四，政府与社会数据融合不够，开放与流通机制不畅。因此，设计城市公共数据管理与共享体系是十分重要的。上海市大数据中心提出以城市公共数据湖为基底，以市级数据库为支撑，以"三清单一目录"为公共数据供需管理模式，以应用场景授权为主要共享方式的新型城市公共数据管理与共享体系。

数据湖是城市公共数据存储和管理的主要方式，主题数据库是目前主流的统一数据架构的方法，依据应用场景分类是上海市大数据中心首创的数据共享方式。组建基于城市公共数据湖的数据管理与共享体系，对于城市管理者而言，他们可以更加高效地实现对数据的管理，并通过技术来挖掘数据背后的信息和规律，提升政府行政和服务水平；而对于数据管理的专业技术人员而言，他们可以实现数据的挖掘和利用，对数据的管理不仅仅限于简单存储，而是可以提供更好的服务。

通过采用文献调研、模型建设等方法，根据城市公共数据的实际管理情况，梳理数据湖、主题数据库、应用场景等概念，阐明在数据湖之上构建市级数据库的意义，设计基于数据湖的主题数据库公共数据管用服体系，构建公共数据管理与共享体系（见图 1）。

其中，数据湖是体系的底层，负责汇总、整合和不加任何处理地保存公共管理和服务机构的公共数据。市级数据库是体系的中层，经数据治理后从数据湖中二次抽取、整合、汇总公共数据，并进行相关的业务计算和利用。公共数据管理与共享体系强调将业务主题、项目主题、数据源等更紧密地结合起来，形成以业务场景为中心的数据共享。

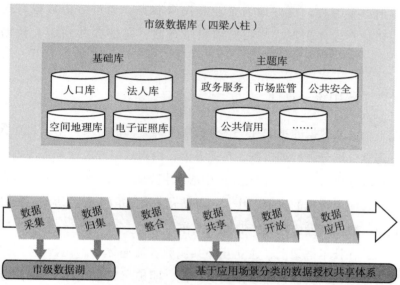

图1　公共数据管理与共享体系

二　在建设智慧城市背景下核心概念的再发展

（一）公共数据

按照《上海市公共数据和一网通办管理办法》（沪府令9号），公共数据可以界定为本市各级行政机关以及履行公共管理和服务职能的事业单位在依法履职过程中，采集和产生的各类数据资源①。公共数据来源于上海市级

---

① 《上海市公共数据和一网通办管理办法》，2018年10月30日，http：//www.shanghai.gov.cn/nw2/nw2314/nw2319/nw12344/u26aw57203.html。

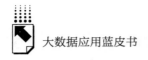

委办局、行政区政府、四大库、互联网社会数据和行业数据等。

海量的公共数据中蕴藏民意和民心，对公共数据进行集中统一管理并发掘利用，以提高政府服务质量、更好地满足群众的需求，是深化简政放权、放管结合、优化服务"放管服"改革的重要内容。利用大数据再造政府办事流程，更好地为企业和民众服务，通过分析数据、挖掘数据来分析社会运作情况、支持政府科学理政，是保存并利用大数据的最终目标。

（二）集中统一管理

城市级公共数据的集中统一管理有以下两方面的含义。第一，在管理架构上，建立分层分级管理机制。在业务上，由市政府办公厅统筹规划、推动协调；在政务服务上，由市大数据中心承担城市公共数据归集、整合、共享、开放、应用管理的各项工作，由经济信息化部门指导、协调、推动公共数据开放、数据开发应用等产业发展工作。

第二，在技术框架上，建立互通共源数据流通体系。在数据汇集层面，明确各有效数据的责任人为数据提供单位，明确"一数一源"，并将其汇总至各市大数据中心统一平台，形成城市数据湖。在共享互通上，建立数据"三清单一目录"共享交换机制。以上海市为例，一是梳理公共数据"三清单"，由上海市大数据中心会同各区、各部门，沿着"一网通办"的政务服务事项主线，根据部门需求梳理公共数据需求清单，确定各部门责任，形成责任清单与负面清单。二是协调开展数据编目、数据抽取工作。上海市大数据中心选取部分区和市级单位开展数据编目、数据抽取试点工作，明确数据资源目录编制、共享交换平台对接与数据抽取的时间节点、工作规范和技术标准，形成数据目录系统。三是实现全市公共数据共享，编制并下发"三清单一目录"的管理规范、公共数据资源目录编制规范、公共数据共享管理规范、公共数据质量标准等相关文件。通过数据共享交换平台实现全市公共数据共享使用，并且实现与国家共享交换平台的级联，基本打通国家、市、区三级的共享通道。

（三）数据湖

学界对数据湖的定义并未达成共识。全国政协委员马利直接将政府部门组建的，用于存储海量公共数据的数据库称为数据湖，并提出大数据时代下的决策将由经验驱动转换到数据驱动①。学者郭文惠则提出，数据湖是存储数据的"湖泊"，它由若干个存储数据的"数据池"组成；而数据池则是大量来源不同、数据结构不同的原始数据的存储空间②。胡军军等则提出，数据湖本质是一种数据管理的思路，是利用低成本技术对大量异源异构数据的存储管理以及数据挖掘和探索③。

传统的分析型数据架构通过数据整合进入一个汇总的数据仓库，这个数据仓库存放所有未经处理的原始数据。在数据仓库的基础上，可以建设面向多个来源、架构各异的公共数据的数据湖。与传统的数据仓库方式相比，数据湖在存储和计算多模态数据和异构数据方面具有显著的优势。对于集中式数据湖而言，关系型、非关系型数据以及文本、图片、音频、视频等原生态数据均被集中存储于基于 HDFS 的服务器集群平台之上。目前也有学者设计了分布式数据湖架构，它采用虚拟化模型驱动技术、边缘计算技术和数据路由技术，将各个数据池分散存储，并通过数据索引网络的方式相连④。

城市公共数据具有大数据的"4V"特征，即体量大（Volume）、类型多（Variety）、价值密度低（Veracity）、时效要求高（Velocity）等⑤，它的结构化程度低，架构复杂多样。因此，数据湖方式在存储和处理多模态和异构数据方面具有优势，适合用于城市公共数据的存储。

---

① 马利：《建设政府"数据湖"》，《人民政协报》2017 年 3 月 14 日。
② 郭文惠：《数据湖——一种更好的大数据存储架构》，《电脑知识与技术》2016 年第 30 期，第 4～6 页。
③ 胡军军、谢晓军、石彦彬等：《电信运营商数据湖技术实施策略》，《电信科学》2019 年第 2 期，第 84～94 页。
④ 谭景信、刘玉龙、李慧娟：《虚拟化模型驱动的分布式数据湖构建方法研究》，《计算机科学与探索》2019 年第 9 期，第 1～12 页。
⑤ 杨旭、汤海京、丁刚毅：《数据科学导论》第 2 版，北京理工大学出版社，2017。

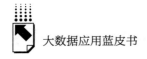

（四）市级数据库

市级数据库是一种整合多个信息系统和数据结构的数据架构。简言之，市级数据库通过数据管理系统管理各种原始数据存储空间的数据，并从中抽取内容，面向业务开展计算。数据湖是对数据的第一次、不加任何处理的整合，因此，数据湖内的数据量大、结构各异、分散且混杂，以目前的技术手段不能直接对数据湖内的数据进行运算。市级数据库应运而生，它类似于数据市场，基于业务、面向对象从数据湖中第二次整合数据，并将其用于运算。陈勇跃等提出，主题数据库基于数据文件和应用数据库建立。它是结构和处理过程相互独立、面向业务主题而非面向报表和计算机应用程序的、整合各信息系统的数据库系统，是信息资源管理体系数据标准化的支撑①。于兆吉等则将主题数据库定义为在对整体业务需求分析规划的前提下，以面向业务主题为基准，对各类应用数据进行综合管理、消除冗余、抽取主题而建立的稳定数据库②。

在城市公共数据这一层次，市级数据库的主要优点是对涉及面广、应用广泛、有关联需求的主要公共数据资源实现汇总共享。它可以根据实际服务需求和业务需要，将数据湖中存储的多模态数据和异构数据抽取出来并转换为结构化的数据加以计算和应用，适用于城市公共数据的管理和挖掘。因此，可以将市级数据库视作从数据湖中抽取数据并加以结构化处理的数据库，以及进行全量数据运算的数据引擎模型的雏形。未来，技术的发展将使市级数据库与数据湖融合，形成数据引擎，直接对不加处理的原始公共数据进行运算。

（五）公共数据资源目录

我国高度重视政务信息资源目录体系的建设和研究工作，先后发布

---

① 陈勇跃、周宁、夏火松：《主题数据库的构建与质量评估方法研究》，《情报科学》2011 年第 2 期，第 222 ~ 226 页。
② 于兆吉、魏闯：《大数据下主题数据库的研究现状与展望》，《沈阳工业大学学报》（社会科学版）2014 年第 3 期，第 263 ~ 267 页。

《政务信息资源目录体系》《政务信息资源交换体系》等标准。国办发
〔2017〕39 号《国务院办公厅关于印发政务信息系统整合共享实施方案的通
知》以及发改高技〔2017〕1272 号《国家发展改革委　中央网信办关于印
发〈政务信息资源目录编制指南（试行）〉的通知》，分别就信息资源的编
制任务、内容规范、方法依据做出了规定，提出要"构建目录，开展政务
信息资源目录编制和全国大普查"。

我国将政务信息资源目录体系定义为是由目录服务系统、支撑环境、标
准与管理、安全保障等组成的整体。目录服务系统是通过编目、注册、发布
和维护政务信息资源的内容，实现政务信息资源的发现和定位系统①。

上海在政务信息资源目录的基础上，结合本市大数据资源平台具体建设
情况，编制了上海市公共数据资源目录，补充了公共数据资源目录的目录元
数据标准，对目录分类、数据资源分类等进行了详细说明，明确了数据安全
级别，对公共数据资源目录的规划、建设和实施流程进行了规范。公共数据
资源目录是上海市大数据资源平台发挥互联互通、数据共享作用的关键组
件，为实现公共数据资源的组织、检索、定位、发现与获取提供了便利。

（六）应用场景

应用场景是指以业务流程为核心，进行数据资产化构建和数据业务化应
用，在此过程中实现并促进各部门之间的数据共享和应用，体现数据的业务
价值。应用场景分类是指对应用场景按照多个维度进行分类。

上海市大数据中心首创基于应用场景的授权共享体系，打破以往一事一
议的低效数据共享模式，在"三清单一目录"的基础上，将应用场景分为
业务主题、项目主题、数据源等维度，实现一次授权、永久共享的公共数据
授权共享模式，简化了数据共享流程，加快了公共数据的开放、利用与发展
速度。

---

① 中华人民共和国国家质量监督检验检疫总局、中国国家标准化管理委员会：《GB/T21063.1 –
2007 政务信息资源目录体系第 1 部分：总体框架》，中国标准出版社，2007。

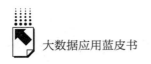
三 公共数据管理与利用的需求探索

管理、利用公共数据的主要目标是再造办事流程，进一步利企便民、支撑科学行政。同时，借助对公共数据的保存、挖掘和利用，目前已完成从"管理"过渡到"服务"政府职能的转变，以便于以民众、用户为中心，创建自己的服务品牌，提升政府的服务特色和水平，促进政府治理体系和治理能力的现代化建设和提高。基于这一主要目标，管理、利用公共数据的需求可以概括为如下三个方面。

（一）实施一网通办，满足群众需求

在互联网和大数据时代到来之前，群众到政府办事，往往需要为一件事跑多个部门，并且向多个政府部门提交完全相同的材料。原因是传统的行政管理政府各部门之间分工多、合作少，产生的信息各自保管，保管的方式也各不相同，并且缺少信息沟通与交流的渠道。部门之间缺乏沟通与信息交流，使得群众因向不同部门重复提交材料而耗时耗力，导致运作成本提高，也容易使政府各部门之间陷入信息不对称的局面。

为此，上海市大数据中心将公共政务数据进行集中统一管理，并将其与各部门共享，从而为实施群众一个网页办好所有政务事项的"一网通办"打下基础。此后，群众无须为一件事跑多个政府部门，也无须为一件事重复提交相同的材料，只需在"一网通办"平台上提交一次信息，这些信息即可自动提交到相应的政府部门进行处理。同时，政府部门之间也不容易再出现信息不对称的情况，各部门可依照互通的数据做出正确的决策。截至2019年3月，上海市"一网通办"平台已接入1274项政务服务事项，日均办理量达7.2万件。上海市大数据中心全力推进"一网通办"政务服务，让企业和群众通过平台在网上办事，提高了企业的办事效率，为百姓提供了便利。

（二）革新政府服务，降低社会成本

传统的政务模式，政府的主要职能是"管理"，即管控社会的各个方面，督促个人和团体遵守社会规则。现代政务模式，政府的职能除了"管理"，还有"服务"，并且目前"服务"正在逐步取代"管理"成为政府的主要职能。这是因为在当代科学技术不断突破、生产力不断发展和生产方式不断革新的背景下，政府过多地监管个人和团体，会阻碍科学技术进步，进而阻碍生产力和生产方式的革新，从而减缓社会进步的步伐。所以，从"管理"转向"服务"，是目前政府革新的必然之路。

如今，公共数据的集中统一管理使政府统筹和运用庞大的公共数据资源成为可能。政府完全可以运用恰当的技术手段，提供社会力量无法比拟的信息服务。例如，利用公共地图数据提供 GIS 服务，根据公共交通数据提供城市交通引导服务等。基于公共数据提供的政府服务，在革新政府服务方式的同时，还可以有效地降低社会的运行成本，从而加快推进政府职能的转变。

（三）探索社会规律，支撑科学行政

在大数据时代到来以前，传统的社会科学研究以定性研究方式为主，定量研究方式为辅。产生这种现象的原因，主要是传统时期很难能针对社会科学研究收集到所有相关信息和数据，即便收集到了数据，也很容易产生因样本数量太少而导致的以偏概全、运算能力不足、研究无疾而终等问题。因此，对社会规律的探索，一直存在着主观性太强、无法透过现象看本质等问题。

然而，在大数据时代到来后，全量收集数据成为可能，海量数据的运算能力问题也得到了解决，这就使得采取大数据驱动、数据挖掘等定量方式进行社会科学研究的"第四范式"成为可能。真实的、全量的数据，使对社会规律的探索可以跳出定性研究主观性太强的误区，从而实现对社会规律的真实把握。在这种背景下，要实现集中统一管理握有全方位、多层次的海量公共数据的政府，完全可以通过大数据的技术手段，挖掘社会公共数据之下

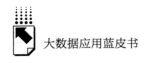

蕴含的社会现象和社会运作规律，从而为政府科学决策、科学行政提供有效依据。

四 架构设计

（一）城市公共数据集中统一管理体系

对于任何形式的信息资源，其管理都围绕着"建设→管理→使用"的模式进行。基于城市公共数据的"建设→管理→使用"流程，结合数据湖、市级数据库两种模式架构，综合城市管理者的现实管理与提供服务需求，可设计为面向城市公共数据的集中统一管理三层体系（见图2）。这一体系自下而上是基础数据、存储公共数据的市级数据湖、管理和抽取数据的大数据资源平台、包含"四梁八柱"的市级数据库以及"1＋16＋3"市电子政务云体系。

1. 基础数据层

基础数据层是这一体系的最底层，其主要职能是收集、整合并存储公共数据，且不加以任何形式的处理。可通过数据湖体系，存储包含交通数据、业务数据、人口数据在内的政府机关和部门产生的各式各样的职能数据，供上层的市级数据库和政务云系统使用。

2. 大数据资源平台

大数据资源平台是基础数据层和市级数据库层的中介。对下，大数据资源平台集中统一管理基础数据层中的公共数据；对上，大数据资源平台根据服务体系需求抽取数据，作为数据后台支撑市级数据库层。

大数据资源平台采用"物理分离""逻辑一体""技术集中"的统一管理机制。"物理分离"指的是分层分级的网络化组织架构。以上海市为例，基于"1个市、16个区"的行政规划，建立"1＋16＋39＋N"的分级管理体系。"1"为1个上海市级数据管理机构，即上海市大数据中心；"16"为16个区级数据管理机构，即各区大数据分中心；"39"为39个具体业务的

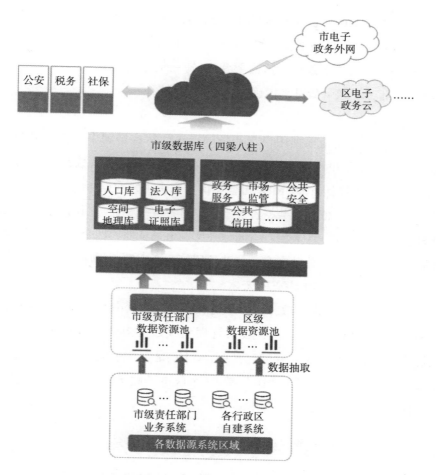

图2 城市公共数据集中统一管理体系

承接机构，即专项数据工作中心；"N"为更多点状数据资源抽取小组，借助街道/社区，以网格化形式承担公共数据归集的具体工作。通过"1＋16＋39＋N"的组织形式，形成数据抽取全覆盖的总体形态，确保数据的高密度、高质量与高效率。"逻辑一体"指的是各级采用共同的技术标准与采集格式。由市一级数据管理部门建立核心数据责任对应表，并由其他各级数据管理部门进行增补、修正、完善，形成"一数一源"的责任形态。所有数据依照统一标准进行抽取、脱敏、上传至上一级数据管理部门等，由作为数据质量责任主体的各级管理部门进行把关，最终形成全市的数据资源共同体。"技术集中"指的是统一的技术路线，城市级数据源的特点使其不具备完全统一采集的技术条件，这需要建立统一的技术路线，由各源头分开采集，集中汇总，统一管理，以确保数据质量可靠。

3. 市级数据库层

市级数据库层是根据用户与业务的需求，从数据湖中二次提取数据汇总，并加以运算和利用，支撑市电子政务云体系。市级数据库层可以以"四梁八柱"来概括，即四个基础数据库和八个主题数据库。

市大数据中心依托大数据资源平台，对各市级责任部门的公共数据进行整合，形成人口库、法人库、空间地理库、电子证照库四个基础数据库和政务服务、市场监管、公共安全、公共信用等八个主题数据库。

4. "1＋16＋3"市电子政务云体系

"1＋16＋3"市电子政务云体系是上海市大数据中心"做强一张网，做大一朵云"目标的基础。将各公共管理和服务机构单位的公共数据归集，实现公共数据资源的集中存储。其中，"1"是1个市电子政务云，与市电子政务外网"云网合一"；"16"是16个区电子政务云；"3"是公安、税务、社保3个市电子政务云分中心。

（二）基于应用场景分类的数据授权共享体系

按照市委、市政府提出的"完善数据共享交换机制"，根据"一网通办、城市精细化管理和社会智能化治理"等需要，遵循数据"关联和最小够用原则"，以"公共管理和社会服务的应用需求为基础"，按照"聚→通→用"的管理流程，在"三清单"的基础上，我们深入剖析应用场景概念，梳理确定应用场景清单样例，总结提炼应用场景特征，实现对应用场景的分类，将海量无序的业务变成有序的可重用的应用场景，构建了基于应用场景分类的数据共享和授权体系（见图3）。该体系将数据和业务紧密结合，使分散、孤立的数据通过与一个个具体业务的结合成为关联、流动的数据，通过在应用场景中对数据的充分使用体现数据的价值，进而推动公共数据共享交换，优化数据共享申请填报和使用授权流程，有序地推进了大数据资源平台的建设。

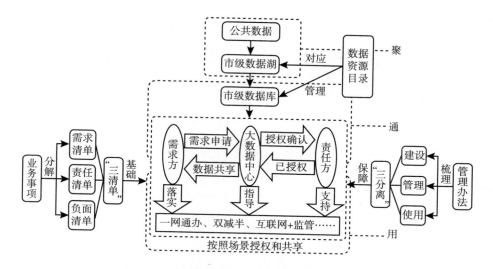

图3　基于应用场景分类的数据共享和授权体系

1. 公共数据资源目录

公共数据资源目录是遵循统一的标准规范，将各级政务部门、地区、领域的公共数据进行有机整合和管理，形成目录，为公共数据资源检索、发现、定位提供服务入口。

2. "三清单"

"三清单"是公共管理和服务机构之间开展数据共享的需求清单、责任清单和负面清单，是基于应用场景分类的数据共享和授权体系的核心与基础。需求清单是机构所需公共数据资源，责任清单是机构应提供共享的公共数据资源，负面清单是机构依据法律法规不能共享的公共数据资源。

"三清单"中的需求清单与数据需求方的需求填报相对应，需求清单为需求填报提供了一定的标准和依据；"三清单"中的责任清单与公共数据资源目录中的共享类目录相对应，各单位公共数据资源共享类目录的编制应覆盖责任清单；"三清单"中的负面清单与公共数据资源目录中的非共享类目

113

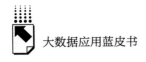

录相对应，负面清单为公共数据资源目录的非共享类目录提供了法律法规依据。"三清单一目录"动态长效管理工作机制如图4所示。

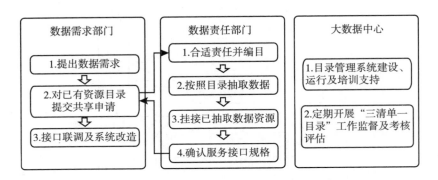

图4 "三清单一目录"动态长效管理工作机制

3. "三分离"

"三分离"管理模式是通过内部的分权和制衡，重新配置管理权限，形成建设、管理、使用"三权"分离的新的组织制衡机制，确保数据安全，保障体系的正常运行。"三分离"管理模式明确了决策部门、管理部门以及执行部门的工作制衡关系，即决策部门制定规则，指导、协调数据资源建设活动；管理部门负责数据的归集、存放与管理；执行部门负责具体的数据授权共享与使用。

4. 基于应用场景授权共享

针对应用场景概念包含的业务主题、项目主题、数据源等维度，依据相关理论进行分类。在保证分类原则的系统性、综合性、稳定性、唯一性和可扩展性的前提下，构建出一个有层次的、逐渐展开的分类体系（见图5）。

参照"三清单"中需求清单每个条目中包含的信息，对信息进行解耦、归纳，从三个维度定义应用场景概念。应用场景概念由业务主题、项目主题、数据源三个维度组成。业务主题依据上海市各委办局职能及分工，分成9大类，职能的相关性提供了数据可复用性的基础，保证应用场景覆盖的全面性；项目主题突出城市管理热点，与业务主题互为补充；数据源依据

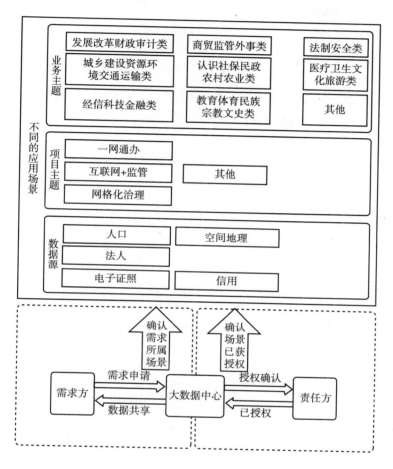

图5　应用场景分类体系

《国家发改委关于印发"十二五"国家政务信息化工程建设规划的通知》中的五大基础信息库分类。

应用场景管理工作应当遵循合理分类、统一标准、有效填报、保障授权的原则，由市政府办公厅负责统筹规划、协调推进、指导监督本市公共数据。市大数据中心以应用场景为基础对数据进行共享、开放、应用管理，组织实施基于应用场景的数据填报和共享工作。市各委办局为公共数据的主要需求部门和责任部门，负责实施、指导、协调、推荐、监督本行政区域内基于应用场景的公共数据的填报和授权共享工作。

依据基于应用场景分类的数据共享和授权体系，我们设计了公共数据共享和授权流程（见图6）。

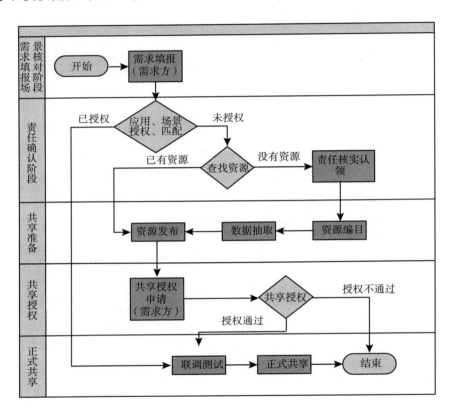

图6 公共数据共享和授权流程

（1）需求填报。市大数据中心统一下发电子版应用场景填报规范和填报模板，数据需求方填报完成后发送至市大数据中心，市大数据中心统一汇总。数据需求方合法地直接或者通过委托人填报应用场景信息。数据需求方参照应用场景填报规范，在指定模板中根据具体业务需求填写应用场景信息和数据需求信息，并保证填写信息的准确性、完整性。数据需求方有义务配合填报应用场景信息，对填报细则不明确的地方，应联系市大数据中心确认。市大数据中心有义务定期维护、更新、派发应用场景填报模板和应用场景填报规范，保证应用场景类别的完整性、有效性、全面性。市大数据中心有权就填报不符合规范的信息联系相关数据需求方，并督促其修改。

（2）应用场景授权。数据责任方对初次填报的应用场景进行审核，确认数据责任后授权，并审核该场景是否可以一次授权反复使用，如不可以，需阐明详情并提供依据。市大数据中心应当基于应用场景一次授权、反复使用的要求，实现全市公共数据应用场景的统一规范。数据责任方有义务完成对基于应用场景申请数据共享的授权工作。

（3）应用场景匹配。市大数据中心将需求方填报的需求与责任方已授权的应用场景进行匹配，若匹配成功，则与需求方经过联调测试后正式授权其共享所需数据；若匹配不成功且需求方确需要此数据开展相关工作，则先查找有无所需数据资源，若有则将数据整理发布，若无则将数据整理编目责任核实并组织相应部门认领，进行资源编目、数据抽取后将数据整理发布，而后再次与责任方进行共享授权确认，若授权通过则与需求方经过联调测试后正式授权其共享所需数据，若授权不通过则结束数据共享授权流程。

结　语

本文从上海市城市公共数据管理的角度出发，梳理了公共数据、集中统一管理、数据湖、市级数据库、公共数据资源目录、应用场景的概念；分析了基于公共数据组织主题数据库和基于应用场景的数据授权共享的意义，描述了集中统一管理、利用和共享公共数据的主要需求；结合数据湖和主题数据库架构，设计了城市公共数据集中统一管理体系和基于应用场景分类的数据共享授权体系，这两个体系以城市公共数据"聚→通→用"的管理流程为基础，以城市公共数据管理"建设、管理、使用"三分离机制为保障，提出了基于城市公共数据管理、利用、共享的思路。上海市大数据中心建立

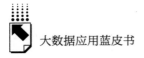

健全数据安全体系，从制度建设、平台建设和安全运营等方面，提升电子政务云安全、数据安全和应用安全保障能力。2019 年，上海市大数据中心在现有工作基础上，继续推动公共数据完整归集、公共数据按需共享以及大数据资源平台建设工作。上海市大数据中心将坚持"让数据增值、为城市赋能"的理念，努力做专一个数据后台、做好一个前台应用，当好城市公共数据治理的排头兵。

B.8
基于大数据应用的合肥
智慧安全城市发展研究

方　芳　许令顺[*]

摘　要： 随着时代的进步，大数据应用技术快速发展，我国已经实现从信息化时代向大数据时代的转变，大数据的应用渗透到我国社会的各行各业。智慧城市是一种起源于信息时代并随着大数据时代的到来而逐步演化的新的城市形态。作为全国首批安全发展型示范城市及国际智慧城市建设示范城市，合肥正在积极探索大数据在城市管理中的各项应用。本文主要介绍了合肥市大数据的发展现状及合肥智慧安全城市建设和运行现状，同时还阐述了大数据在合肥智慧安全城市发展中的应用及建议。

关键词： 大数据　城市安全　城市大脑　运行特征

一　背景

国家对城市安全高度重视，随着城市化进程的加快，城市安全问题成为城市管理者需要解决的突出问题之一。2017年10月18日，习近平总书记

---

* 方芳，安徽建筑大学硕士研究生；许令顺，博士、研究员，清华大学合肥公共安全研究院城市安全大数据中心副主任，合肥泽众城市智能科技有限公司副总经理，主要研究方向为大数据在智慧安全城市领域的应用。

在党的十九大报告中指出，要"树立安全发展理念，弘扬生命至上、安全第一的思想，健全公共安全体系"。2018年1月7日，中共中央办公厅、国务院办公厅在《关于推进城市安全发展的意见》中明确指出，要加强城市安全源头治理，到2020年，将建成一批与全面建成小康社会目标相适应的安全发展示范城市。物联网、大数据等现代信息技术快速发展，2017年，党的十九大报告提出，"推动互联网、大数据、人工智能和实体经济深度融合"，目前智慧城市的建设在全国各城市全面开展，将大数据技术用于城市安全管理，成为解决城市安全问题的重要途径。2018年3月，第十三届全国人民代表大会第一次会议批准国务院机构改革方案，根据改革方案设立应急管理部，将分散在国家安全生产监督管理总局、国务院办公厅、公安部（消防）、民政部、国土资源部、水利部、农业部、国家林业局、中国地震局以及国家防汛抗旱总指挥部、国家减灾委、国家抗震救灾指挥部、国家森林防火指挥部等的应急管理相关职能进行整合，在很大程度上可以实现对全灾种的全流程和全方位的管理，有利于提升公共安全保障能力，为探索中国的综合应急管理模式提供了推动力，这也为城市综合安全管理和城市安全大数据的应用提供了方向性的指导①。

目前，国内已有多个城市将大数据应用于智慧安全城市建设中，并取得了意想不到的效果。合肥市作为国际智慧城市建设示范城市，于2017年成立了合肥市数据资源管理局，同时正准备建设城市运营中心以应对未来"城市大脑"的发展趋势。

二 合肥智慧安全城市建设和运行现状

（一）智慧城市的概念及发展背景

"智慧城市"是运用信息和通信技术手段感测、分析、整合城市运行核

---

① 陈晓春、苏美权：《新发展理念下的应急管理发展战略研究》，《治理研究》2018年第4期，第74～84页。

心系统的各项关键信息，对包括民生、环保、公共安全、城市服务、工商业活动在内的各种需求做出智能响应①。其实质是利用先进的信息和通信技术，实现城市智慧式管理和运行，促进城市和谐、可持续成长。

2008 年，IBM（International Business Machines Corporation，国际商业机器公司）在纽约召开的外国关系理事会上提出"智慧地球"这一理念，全球开始掀起一股智慧城市建设的风潮，我国紧跟全球潮流积极开展智慧城市建设②。

（二）智慧城市建设的政策支持

《国务院关于积极推进"互联网＋"行动的指导意见》确立了 5 个发展目标，指明了 11 个重点行动，助力智慧城市建设，提供历史新机遇，指引跨越式发展方向。李克强总理提出制订"互联网＋"行动计划，推动经济稳定增长和机构优化，发展新兴产业和新兴动态；同时曾多次强调大数据、云计算是大势所趋，不管是推进简政放权、放管结合，还是推进新型工业化、城镇化、农业现代化，都要依靠大数据、云计算。

近年来物联网、云计算等技术的不断发展推动了我国智慧城市的发展，使得我国智慧城市市场规模不断扩大。根据前瞻产业研究院数据，2018 年我国智慧城市市场规模为 7.9 万亿元，同比增长 31.7%。预计未来五年我国智慧城市市场规模的复合增长率仍将维持在 33.4%。到 2022 年，我国智慧城市市场规模有望达到 25.0 万亿元。智慧城市发展迅速，在电子信息化、互联化、智能化的基础上，能够使传统意义上的城市管理变得更加高效智能，建设智慧城市其实是对城市发展方式的转变，从整体提高城市的发展质量。

（三）合肥智慧安全城市建设和运行现状

目前，合肥市已成功入选全球"智慧城市国际标准试点城市"，在智慧

---

① 栾滨：《基于智慧城市的公共服务体系建设研究》，硕士学位论文，山东财经大学，2017。
② 丁金群：《我国智慧城市建设问题及建议》，《合作经济与科技》2018 年第 17 期，第 9 ~ 11 页。

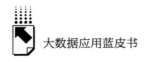
城市的建设上迈出了重要的一步。未来还会有更多与智慧城市相关的建设需求，这将更有利于实现对城市智慧安全的服务和精细化管理。

从目前智慧安全城市在合肥的实施和建设情况来看，教育、医疗、交通、农业等各领域均有涉及。智慧城市的建设离不开优越的地理资源条件，2019 年 11 月，第十届安徽国际智慧城市与公共安全博览会在合肥滨湖国际会展中心开展。展会以推动智慧城市建设为目的，宣传国家产业政策，必将为合肥市智慧城市建设暨安全防范的发展创造更加有利的条件。

（四）合肥智慧安全城市建设存在的问题

1. 基础设施投资渠道相对单一

智慧安全城市建设离不开基础设施的投入，这部分投入既包括对现有设施的改造也包括对新设施的引入，因此离不开强有力的资金支撑。在合肥智慧安全城市建设过程中，确保资金运转良好是成功的关键。从当前政策形势和规划层面来看，合肥智慧安全城市建设还处于起步阶段，既没有形成相对完善且具体的政策措施，也没有成立相应的智慧城市建设领导小组来专门负责智慧城市的规划与建设工作，因而会导致产业投入的欠缺①。尽管合肥市已经进入全国百强市，但是与全国一线城市相比，其在经济实力上明显落后。而经济水平直接决定了投入力度，所以相对于其他城市而言，合肥市对基础设施的投入还有所欠缺。

2. 资源整合关山难越

截至 2018 年 7 月 12 日，合肥市共有 68 个单位编制了 1556 类数据资源共享目录，总体上看，在各单位的配合下，合肥市数据资源共享工作取得了一定成效。但在参加政务数据资源目录编制工作的 68 个单位中，有 32 个单位因政务信息资源目录编制工作滞后于数据资源接入工作，有 2.2 亿条数据无法上线共享，各单位在大数据平台上也没有积极开展数据共享和交换工作。同时单位信息化整体水平有待提升，有的单位尚未建设信息化管理系

---

① 张薇：《合肥智慧型城市创建研究》，硕士学位论文，安徽大学，2016。

统，缺少原始数据，产生的数据多为 Word 文档，不利于数据共享；有的单位编制业务系统建设方案时，没有设计共享接口；有的单位仍然采取点对点拷贝的方式传送数据，处于碎片化存储状态，既不能发挥数据资源的作用，又难以保证数据的安全可信。

3. 专业人才缺乏

第一，智慧安全城市作为城市发展的新方向，其建设需要一大批高层次的创新人才，尽管合肥市拥有众多高校和科研机构，但是专门研究智慧安全城市的科研人员并不多。第二，合肥市还未形成统一的智慧型城市科技人才引进制度，缺乏专门针对科技人才和技术人才的引进措施，不利于智慧安全城市的有序发展。第三，合肥市还未形成柔性的人才引进机制，也没有建立有效的与国际接轨的人才激励政策，人才流失问题未能有效解决。如何有效地将人口优势转化为人才优势，利用优质的地域资源吸引大批专业人才，为智慧城市建设"添砖加瓦"，是合肥智慧安全城市建设亟须解决的问题。

三 合肥市大数据发展现状

（一）成立合肥市数据资源局

近年来，随着信息技术的不断进步，为加快"数字合肥"建设，激发区域技术创新活力，催生新技术、新产业、新模式、新产品，促进产业创新升级，做大做强数字经济，合肥市在 2017 年成立了合肥市数据资源局，其职能是主管全市数据资源和信息化工作、推进合肥数字经济发展。为贯彻落实《促进大数据发展行动纲要》（国发〔2015〕50 号）、《政务信息资源共享管理暂行办法》（国发〔2016〕51 号）、《推进"互联网＋政务服务"开展信息惠民试点实施方案》（国办发〔2016〕23 号）、《政务信息系统整合共享实施方案》（国办发〔2017〕39 号）等文件精神，合肥市数据资源局通过结合各政务单位的政务职权、工作依据、行使主体、运行流程、对应责任等，在梳理各单位权责清单的基础上，梳理了各单位的政务数据资源。

（二）合肥市各部门数据现状

截至 2018 年 7 月 12 日，合肥市共有 68 个单位编制了 1556 类数据资源共享目录，数据字段 21864 个。其中有条件共享 1183 类，无条件共享 307 类，不予共享 66 类。共有 49 个单位确认了开放目录 602 类。

参照人口基础信息库的数据需求，市数据资源局和相关单位梳理出构成人口库基础数据 16 大类（基本信息、人口概况、户籍信息、计生信息、婚姻登记信息、劳动就业信息、社会保险信息、住房公积金信息、产权信息、纳税信息、老年人信息、残疾人信息、教育信息、民政信息、住房信息、家庭成员间关系信息）145 项数据需求，其中 125 项已接入数据，接入率为 86.2%。

参照法人基础信息库的数据需求，市数据资源局和相关单位梳理出构成法人库基础数据 9 大类（企业信息、法人概况、市场管理、国税信息、地税信息、机关设立信息、社会团体登记信息、民办非企业登记信息、基金会登记信息）102 项数据需求，其中 43 项已接入数据，接入率为 42.2%。

参照房屋基础信息库的数据需求，市数据资源局和相关单位梳理出构成房屋库基础数据 3 大类（基础信息、产权信息、租赁信息）40 项数据需求，其中 33 项已接入数据，接入率为 82.5%。

结合"互联网＋政务服务"中所需事项材料，市数据资源局和相关单位梳理出服务事项所需电子证照目录 179 类，已接入数据 68 类，接入率为 38%[①]。

通过与基础库的需求比对、与国内先进城市的对标，与国内先进城市相比，合肥市政务数据资源目录编制工作还存在一定的差距，还有很大的提升空间。

四　大数据在合肥智慧安全城市发展中的应用

从合肥市数据基础及智慧城市建设现状分析，大数据在合肥智慧安全城

---

① 合肥市数据资源局：《合肥市数据资源目录白皮书》，2017，第 7 页。

市中的应用重点集中在以下领域：智慧城管、智慧环保、智慧生活、智慧教育、智慧人社、智慧政府、智慧医疗、智慧交通、智慧社区、智慧节水、智慧农业。下面分别对这些应用领域做详细说明。

（一）利用大数据打造"智慧城管"综合治理新模式

智慧城管是智慧城市的重要组成部分，是以新一代信息技术为支撑、面向知识社会创新2.0的城市管理新模式。近年来，瑶海区城管局探索建立"智慧城管＋社会治理"新模式，努力实现力量调度可视化、事件处理便捷化、日常管理智能化，切实提升合肥市社会综合治理水平。通过建设运行"智慧城管"项目，促进城市管理科学化、精细化，努力实现全时段、全方位覆盖管理。

让管理"耳聪目明"，建好软硬件系统。"智慧城管"平台建成"瑶海区城市管理网格责任评价系统"和手机APP等软件系统以及监督指挥大厅、前置机房、呼叫中心、大屏幕系统、视频监控等硬件系统。依托公安天网工程，通过应用系统建设远程喊话系统，实现无线数据采集、指挥监督中心受理以及公安图像管理系统部署和数据展示。2018年10月，通过对信息数据分析，城管部门发现铜陵路与长江东大街东南角中午和晚上上下班高峰时间段常有流动摊点出现，于是在该路口设置首个喊话测试点，通过平台视频随时监控，一旦发现有流动摊点，立即启动远程语音喊话系统，城管执法人员及时赶到现场对违规行为督促整改。

（二）利用大数据发展智慧环保，让环境信息更透明

随着经济建设的不断发展，环境保护问题已经成为现阶段各城市需要关注的民生问题，传统方法下的环境监管措施已不能满足环保工作的需要。智慧环保体系的构建成为当前研究的重要课题，该体系通过感知环境，结合物联网技术处置和管理社会与自然的水体、大气和废弃物等，实现人类社会与环境业务系统的整合。

合肥市环保局强化数据支撑，助力智慧环保，让环境信息"走出去、

活起来"。2018 年,"合肥环境"APP 正式上线运行,目前共涵盖空气质量、水质、污染源、地图和资讯五大模块,信息更透明。面向社会公众实时发布合肥市各监测点位空气质量、各水质监测站监测数据和重点工业企业监控点位污染物排放情况,覆盖更全面。空气质量包含各监测点位当前小时空气质量指数、主要污染物如 PM_{10}、$PM_{2.5}$、O_3、NO_2、SO_2、CO 实时浓度和历史数据。水质包含合肥市 15 个水质监测站监测水质级别、溶解氧、高锰酸盐指数、氨氮实时浓度和历史数据。污染源包含合肥市 296 个重点工业企业监控点位废气、废水实时排放情况,企业详情和污染物排放历史数据。地图模块可供公众更加直观地查看身边空气质量、水质变化情况和污染源排放情况,并通过标注不同颜色对数据进行比对,让环境信息更加直观、具体。同时,公众可直接通过咨询模块查看合肥市各类环保资讯,满足公众参与环境治理的需求。该 APP 保留了空气污染、水质污染以及企业污染排放日超标历史数据,便于公众监督和环境执法部门监管,监管更便捷。

(三)利用大数据创建智慧生活,更好享受数字便利

随着大数据科技的快速发展,人们生活水平不断提高,智慧生活作为一种新的生活方式对市民产生了深刻的影响,高品质的生活作为智慧城市项目建设的重点之一,受到越来越多的关注。企业办事"不求人""少跑腿"、居民生活"一键通"、堵车等民生"痛点"问题逐步得到解决。2018 年,合肥智慧安全城市建设成果初步显现,合肥市通过加快大数据资源整合和共享,运用大数据提高公共服务和社会治理水平,让老百姓享受越来越多的"数字便利"。

与企业办事相比,老百姓更能感受到这一全新的智能生活方式带来的变化。以合肥市荷叶地街道居民为例,他们点开一款名为"合肥智慧生活圈"的微信小程序,就可以看到上面包括办事指南、睦邻驿站、志愿服务等内容。办事指南包含卫生和计划生育、社会事务、文化建设、综合执法、总工会、司法所六项内容,这六项内容将大量的信息按照相关程度进行分类。比

如，在卫生和计划生育中可以了解家庭医生有偿签约服务、生育证办理、特扶奖扶工作等所需的申请条件和申请资料；在社会事务中可以了解老年证办理、劳动合同用工备案、退休人员查阅档案等所需的申请资料及相关审批流程；在文化建设中可以通过申请室内健身中心、多功能球类运动场及全民健身广场来组织社区活动。归纳后的信息更清晰，也极大地节省了居民查找相关基础信息的时间。

（四）利用大数据推进智慧教育，打造高效教学新模式

大数据时代，数据已成为学校管理的重要资源，并将催生学校管理模式的全新变革，智慧学校的建设应用是教育信息化发展的必然阶段。近年来，合肥市委、市政府高度重视教育信息化工作，在不断推进智慧校园建设的基础上，逐步构建了以国家、省市云平台为"云"，以智慧学校网为"网"，以智慧课堂等应用为"端"的教育信息化生态体系。

合肥市教育云平台是根据国家、省、市教育信息化的整体部署，围绕教育改革发展的中心任务，利用云计算、大数据、智能语音、移动互联网等技术，以优质教育资源共建共享为基础，以服务学生、服务教师、服务管理、服务市民为导向，促进城乡教育协同发展，提升合肥市教育信息化整体水平的全新教育平台。

云平台包括资源中心、教师服务系统、学生服务系统、管理服务系统、市民服务系统等内容。资源中心实现了备授课资源、幼教资源、区域资源等其他资源的共享，老师和学生可自主通过网页进入云平台，下载相关课件和知识点材料。

（五）利用大数据融入智慧人社，让服务更智能

互联网、大数据技术给人社公共服务带来了翻天覆地的变化，让广大百姓"不进人社部门的门，能办人社部门的事"，享受网上人社公共服务。目前，原有"合肥人社"微信公众号已关停，相关信息并入"合肥智慧人社"微信公众号和"合肥人社"支付宝生活号。在"合肥智慧人社"微信公众

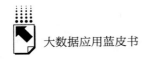

号和"合肥人社"支付宝生活号中可以通过绑定社保卡和授权应用查询相关信息，也可以通过与智能客服的互动交流咨询相关问题，如社保信息查询、社保卡办理进度查询、社保局地址和电话查询、社保卡申办流程、生育保险备案、居民医保费用报销、社保中断怎么补交等。

2018年3月，合肥市瑶海区首批社保多功能自助服务一体机在三里街街道行政服务大厅、三里三村社区等处正式投入使用。查询、打印社保信息方便，查询信息一目了然，打印报告时间短是市民操作后的直观感受。

社保多功能自助服务一体机主要分为城镇职工保险、社保卡管理、城乡居民养老、就业服务四大功能模块，具体可以查询和办理20项人社业务，具有为市民提供养老保险、医疗保险、失业保险、工伤保险、居民养老等社会保险的个人参保基本信息、个人参保缴费历史以及各项社会保险待遇享受情况的查询和打印功能。

通过自助服务一体机，办事群众还可以对金融社保卡进行激活、修改或挂失密码等。此外，自助服务一体机还具有退休金收入证明打印、转移凭证打印等功能。

（六）利用大数据建设智慧政府，让百姓生活更便捷

物联网、云计算、大数据等信息技术的兴起与发展，相关数据与云计算和位置大数据结合分析等手段的使用，提高了政府办公、监管、服务、决策的智能化水平。政府在坚持为人民服务初心的前提下，不仅为群众办实事，更打破了"信息孤岛"、数字鸿沟，通过建设"智慧政府"让百姓生活更加便捷，感受到更多的温暖。

合肥市在完善市县乡村四级政务事项"一网受理、一网通办"的基础上，进一步扩大"互联网＋政务服务"覆盖范围，将学校、医院、公用企业提供的社会服务事项纳入平台运行。全市政务事项中"最多跑一次"事项占比99.9%，深化G60科创走廊产业集群发展"零距离"综合审批制度改革，率先开展营业执照异地办理业务。"政务服务3.0"模式让冷冰冰的数据有了温度，以企业准入准营、工程开工建设、婚姻生育服务为抓手，办

事流程不断简化。未来更多数据将接入统一平台，围绕市民和企业关注的痛点难点问题，整合相关部门提供的政务服务和企事业单位提供的社会服务，协同发力提升便民服务效能。开展社会综合服务平台建设，不断提升为人民服务的水平。在全省首推居民生活圈数字生活试点，建设交通超脑，试点区域通行延误时间减少了20%。

（七）利用大数据服务智慧医疗，让群众"医"路畅通

为进一步提升城市医疗服务水平，完善城市医疗系统，以信息化、智能化为特征打造的"合肥版"智慧医疗项目进一步完善。合肥市将充分利用大数据等云平台，大力推动电子健康卡的使用，加快推进网上预约挂号工作，优先解决挂号就医难这一突出问题。同时通过智慧医疗实现医疗信息互通共享，为群众提供全方位、全周期、高质量的健康服务。

自安徽省立医院推出扫码关注"中科大附一院安徽省立医院"微信公众号，实行网上预约挂号以来，挂号难已不再是患者看病就医的头等大事。如今，患者可自行进入微信公众号通过绑定身份信息进行预约挂号，通过选择院区、搜索科室或医生实时查看医生就诊情况，同时可按日期或医生进行预约。这在一定程度上节省了患者现场挂号排队等待的时间，也满足了患者在特定时间选择指定医生就诊的需求。网上预约挂号的患者在预约指定时间前到达医院，通过在多功能自助机或不同诊室前的智能报到机器上扫描预约成功的就诊二维码，就可排队等候电子屏叫号进行就诊。就诊结束需要拿药的患者，可在多功能自助机上通过扫描就诊二维码完成用药支付并打印药品清单到指定窗口扫码拿药。

随着5G网络技术的发展，基于医疗大数据平台的诊断与治疗技术、移动互联网与医疗健康深度融合。2019年5月，在5G网络支持下，安徽医科大学第二附属医院与石台县人民医院成功完成我国首例5G远程协同手术。安徽医科大学第二附属医院普外科、泌尿外科、放射科、肿瘤科的专家还为石台县人民医院开展的腹腔镜胆囊切除手术进行实时精准指导，通过语音控制，调节石台县人民医院的手术机器人，实现手术的5G远程操作。

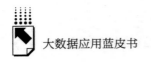

（八）利用大数据构建城市智慧交通，让出行更便捷

近年来，随着合肥市社会经济的快速发展，城市人口不断增长，城市交通问题不断凸显。城市交通作为城市整体形象的重要参考指标逐渐受到政府部门的高度重视。

云端大数据在智慧交通中的应用提高了合肥市交通的管理和整治水平。掌上公交 APP 的出现使得市民能够实时监测公交车的运行状态，合理地安排时间，在一定程度上节约了出行中不必要的等待时间。针对老城区交通乱象，政府安装和启用了行人闯红灯监控和智能违停抓拍系统，有效地减少了行人闯红灯和违法停车的现象。

对于社会难题之一停车难，政府启用了"合肥停车"APP，在很大程度上解决了该问题。通过该款手机 APP，出行需停车的车主可以快速查询到停车地附近的临时停车位的剩余空位、具体位置和收费标准等详细信息，选定要停车的地点时，可通过 APP 一键导航快速抵达停车地点附近。该款 APP 除了可以提高现有停车位资源的使用率外，还规范了城市建设的秩序。

（九）利用大数据打造智慧社区，编绘社区平安网

社区作为城市发展最基本的组成部分，是居民生活和工作的载体，其智慧化是城市智慧化水平的集中体现。2016 年，合肥政府将智慧平安社区建设纳入智慧城市"十三五"规划纲要。智慧平安社区是利用三维实景地图打造融门禁、人脸、车禁以及视频监控为一体的智慧一幅图模式，一幅三维实景图将所有数据全面整合，实现综合管控。通过在小区门禁等各个角落安装传感器和摄像头，社区可以对小区的人、车、物三大类数据进行采集，通过信息化的管理手段，实现线上线下无缝对接，实时联动，使处理事件更加高效便捷。

例如，蜀山区丁香社区是回迁小区集中地，流动人口多，情况较为复杂。为着力打造智慧平安社区，在市公安局、市公安局治安支队、丁香社

区居委会等多方的大力支持下，该社区实现了门禁系统、视屏监控系统、车辆管理系统、设备设施管理系统的全面升级。系统升级后，该社区可防范治安案件从 2017 年 17 起下降为 2018 年 0 起，小区的安全防范等级有了很大提升。

（十）利用大数据加强智慧节水，开启水资源管理新时代

合肥市是一个缺水城市，每年都要从大别山地区买水以满足城市用水需求。按照水务部门测算，到 2020 年合肥市缺水将达 8.11 亿立方米，水资源供需矛盾突出。因此，节约和保护水资源显得尤为重要。近年来，随着互联网、新一代移动宽带网络、云计算等信息技术的快速发展和广泛应用，借助大数据技术，合肥水资源管理工作变得更加精准、高效、便捷。

通过开展创建节水型家庭、小区、企事业单位活动，市民节水意识不断增强，节水器具普及率达 99.7%。为加强节水管理，提高用水效率，合肥市还研发了节水管理大数据系统，对 47 家用水大户完成了水平衡测试，通过数据分析及时发现用水异常情况，并对这些单位进行重点提醒和上门指导。另外通过数据分析，掌握整个城市的用水和计划管理情况。通过持续深入地开展各项节水基础工作，近四年来，合肥市新增 6000 万立方米水，可供整个城市家庭使用四个月，还可减少 5000 多万吨的污水排放，节约超 2 亿元的污水处理费和自来水费。

（十一）利用大数据发展智慧农业，点亮农业建设之灯

我国是一个传统农业大国，农业的发展一直在我国社会经济中占据着重要的地位。如今大数据、物联网、人工智能等新兴技术正不断地改变我们的生产和生活方式，农业也不断向智慧化发展。以信息化、自动化、精准化为特征的智慧农业正在合肥大展身手。近年来，随着科技实力的不断增强以及政策的不断推动，合肥智慧农业建设走在了全省前列，加快了乡村建设的步伐，推动了农业生产经营方式的改变。

在大圩镇默克尔庄园内，一些葡萄树根茎叶上挂着各种形状的传感器，

这些传感器可以实时采集植物的光照、温度、湿度等信息，并通过后台的数据库传到手机上，使管理人员随时掌握植物的生长情况，同时在一定程度上解放了人力。大数据平台收集到植物的各项数据之后，会对各项数据特点进行建模，从而指导未来的农业生产。互联网、大数据的应用使得农业生产管理变得简单、便捷。

根据规划，到2020年全市农产品电商交易额达500亿元，农业信息化覆盖率达到99%以上，引领全市农业万名"创客"创业，带动百万名农民利用互联网致富，构建共创、共享、共赢的"互联网＋现代农业"生态圈。

五 合肥市智慧安全城市建设和发展中大数据应用的优势和建议

（一）合肥智慧安全城市建设和发展中大数据应用的优势

作为创新之都，大数据在合肥智慧安全城市建设和发展中的应用受到了合肥市政府和越来越多合肥市民的关注。智慧城管实现了社会日常管理智能化及管理全时段、全方位的覆盖；智慧环保实现物联网技术处置和管理社会与环境信息的结合；智慧生活提高了市民的生活水平，解决了让老百姓头疼的民生问题；智慧教育催生学校管理模式的全新变革，促进了教育事业的发展；智慧人社给人社公共服务带来了翻天覆地的变化，让广大百姓足不出户就能享受网上人社公共服务；智慧政府提高了政府办公、监管、服务、决策的智能化水平；智慧医疗实现了医疗信息互通共享，为群众提供全方位、全周期、高质量的健康服务；智慧交通解决了"停车难、停车乱"的问题；智慧社区通过将所有数据全面整合，实现了对社区安全的综合管制；智慧节水加强了水资源的节约与保护，使得对水资源的管理更加精准、高效、便捷；智慧农业转变了传统农业生产经营方式，加快了乡村建设的步伐。大数据在合肥智慧安全城市建设和发展中的应用不仅带动了合肥市整体经济的发展，更成为其努力赶超其他城市的一大跳板。

（二）合肥智慧安全城市建设和发展中大数据应用的建议

大数据时代的智慧安全城市是社会发展朝着高速信息化方向的进步，人们的生活质量得到了显著的提升。当前我国智慧安全城市的建设还没有形成国家层面的一种全面的战略机制①，出现了一些问题。而合肥智慧安全城市建设起步较晚，这些问题的出现对于合肥市在以后智慧安全城市发展中起到了一定的预防和警示的作用。

综合考量合肥智慧安全城市建设和发展中的大数据应用情况，提出如下建议。

首先，完善和更新数据的种类和数量。数据的完善和持续更新是合肥智慧安全城市建设的首要侧重点，合肥市数据资源局应当鼓励各单位完善、上传、共享高质量数据。同时，各单位要以满足社会需求和提升政务数据资源利用价值为出发点，以实时、动态数据资源为重点，进一步丰富数据内容和形式，提升数据服务质量。

其次，找到一条适合的智慧安全城市建设道路。合肥智慧安全城市建设和发展中对大数据的应用应是不断发现和探索的过程，在结合自身发展过程中遇到的发展难点以及总结大数据在其他城市发展中的经验时，应该取其精华去其糟粕，并在此基础上加以改革和创新，找到一条既不冒进也不保守的适合合肥市智慧安全城市建设的道路。

再次，加大对城市基础设施的投入力度。现有设施的改造以及新设施的引入需要庞大的资金做支撑。因此，合肥市应加大对城市基础设施的投入力度。同时，合肥市应确保各项智慧城市建设政策措施落地见效，特别是要落实人才引进政策，为智慧城市建设"添砖加瓦"。

最后，加速推进城市运营中心的建设。参照杭州、上海浦东对"城市大脑"的建设，在完成数据汇集后，设立城市云平台，建设具有合肥特色的"城市大脑"，通过对数据的分类和整合实现对城市规划的统一管理。

---

① 傅振瀚：《大数据时代的智慧城市建设与发展困局化解》，《智能建筑与智慧城市》2018 年第 12 期，第 56~57 页。

结　语

当前，大数据已经成为重要的基础性战略资源，更是推动经济社会发展的新引擎。大数据作为引领社会发展的重要因素不仅为智慧城市的建设提供了强有力的理论支撑，也为智慧城市的规划提供了强大的技术支撑。对于崛起中的合肥市来说，大数据在合肥智慧安全城市建设和发展中的应用，在为合肥市政府提供决策支持的同时也提高了居民的生活品质。我们有理由相信，大数据在合肥智慧安全城市建设和发展中的应用点会越来越多，应用范围会越来越广，会更好地为合肥市的建设提供支撑和保障。

B.9
数据思维：新时代数据化的机关事务管理体系

庚朝富　黄叙新　吴仲城*

摘　要： 机关事务信息化治理体系历经数年发展已初步成型，但是在5G、大数据、人工智能等新一代信息技术的引领下，传统机关事务信息化管理体系已不能满足需要。本文围绕当前机关事务信息化管理现状，提出搭建机关事务管理大数据中心及云服务平台，使机关事务管理各部门业务数据互通，以数据思维方式探究构建"社会化服务、标准化保障、智能化管理"的机关事务管理体系，并重点对该过程中所涉及的大数据应用、信息安全和未来发展趋势等内容进行介绍，以期为新时代机关事务管理体系和管理能力现代化建设提供参考。

关键词： 机关事务管理　数据思维　智能化管理　服务型政府

一　机关事务信息化管理发展背景

习近平总书记在党的十九大报告中指出，新时代必须坚定不移贯彻创

---

* 庚朝富，硕士，安徽中科美络信息技术有限公司工程师，从事环境与能源方面的研究与应用工作；黄叙新，工商管理硕士，合肥工业大学博士在读，高级经济师，从事科技成果转化与创业投资研究工作；吴仲城，工学博士，中科院合肥物质科学研究院研究员兼中科大教授，博士生导师，从事传感器等新一代信息技术研究和应用工作。

新、协调、绿色、开放、共享的发展理念，尤其是要更好地发挥政府作用，通过转变政府职能推动新型工业化、信息化等同步发展。李克强总理也强调，要利用大数据、云计算、人工智能等，采用"新一代信息技术＋电子政务"的方式提高国家治理体系和治理能力现代化。机关事务管理体系和管理能力现代化建设是其极为重要的构成内容之一，也是驱动治理体系创新的"先行军"。机关事务管理工作是政府各单位工作的重要保障和支撑，同时也起到各单位之间协作的纽带作用，是国家政务治理中十分重要的一环，工作内容不仅包括为各单位提供后勤服务保障，还涉及大量国有资产、产权、产籍和节能等方面的管理工作。

（一）机关事务信息化管理发展历程

机关事务管理局采用垂直管理体系，最高行政主管为国家机关事务管理局。各地基本同步设置专属机关事务管理部门，主要负责国有资产、公共机构节能、机关经费、公务用车、财务、公务接待和房地产等的管理、保障、服务工作[①]。

机关事务信息化管理建设是我国政务系统发展的开端，沿着"机关内部办公自动化工程—管理部门的电子化工程—全面的政府上网工程"这条线逐步开展。多年以来，在信息技术发展过程中，机关事务管理水平明显提高，从机关事务管理标准化、信息化到数字化的演进，每一次信息技术的重大变革，都赋予机关事务管理水平新的高度[②]。总的来说，我国机关事务信息化管理共经历了四个阶段，即初级阶段、完善阶段、快速发展阶段和高速发展阶段[③]。

初级阶段（1980～1999 年）。党政机关着手开展公务信息化建设，此时

---

① 国家机关事务管理局网站：《国家机关事务管理局职能概况》，2017 年 12 月 18 日，http：//www. ggj. gov. cn/zzjg/zngk/。
② 云启栋、锁铮铮、黄海绵：《英国互联网发展与治理报告（2017）》，《汕头大学学报》（人文社会科学版）2017 年第 11 期，第 54～66 页。
③ 宋歌：《浅谈电子政府的发展历程》，《中国经贸》2010 年第 2 期，第 19 页。

各种纵向、横向的内部办公网络应运而生, 具有代表性意义的是我国于 1993 年启动的金桥、金卡、金关工程的"三金"工程, 该工程建立了国家公共经济信息网, 实现国家外贸企业信息系统联网, 加快了货币电子化的进程, 这是我国机关事务信息化管理的雏形。

完善阶段 (2000～2009 年)。在初级阶段信息技术红利的支撑下, "政府上网工程"实施成功, 实现了政府办公地点与政务自动化互联互通, 标志着我国政务管理模式正式迈入网络化时代。据统计, 本阶段地市级建立线上处理公务的占 70% 以上, 政务网站超过 3000 个。

快速发展阶段 (2010～2015 年)。本阶段各级信息系统由独立逐步转向统一、开放、共享。线上办公、信息管理的水平迅速得到提升, 面向机关事务的业务和相应职能需求得以响应, 决策依据科学可靠, 标志着我国数据资源建设趋于成熟。

高速发展阶段 (2016 年至今)。近年来, 新一代信息技术呈现快速发展势头, 物联网、大数据、区块链、云计算、人工智能等关键词被频频提及, 传统的政务系统已无法满足新时代的要求。机关事务管理体系建设工作正是在此基础上开展的, 全国各级机关正在寻求路径, 希望尽快借助新型信息技术的东风, 实现高度智能的机关事务大数据管理, 为打造节约型、高效型和透明型政府管理体系而努力。未来几年, 机关事务大数据管理方式将成为常态, 智能化系统将成为机关事务管理过程中政府科学决策的重要工具。

(二) 基于 5G 时代的数据智能化发展

5G 逐步商业化, 标志着机关事务管理步入大数据智能时代。移动通信每隔数年诞生新技术, 不断推动着社会治理体系的变革①。与 2G 萌生数据、3G 催生数据、4G 发展数据不同, 5G 将以全新的网络架构, 提供千亿台设备的高连接能力、毫秒级的低传输时延和足足十倍于 4G 的高峰值速率, 各

---

① 黄粟:《5G 时代临近 四川移动在蓉打造智慧政务》,《通信与信息技术》2017 年第 2 期, 第 24 页。

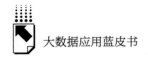

行各业将产生"超海量"的数据。未来，基于5G、大数据、人工智能等先进技术，结合机关事务管理体系和管理能力现代化建设实际需求，大力推进机关事务管理标准化、数字化、智能化，实现机关事务管理与数据智能技术的深度融合，发挥大数据在机关事务管理运行保障中的互通、预测和决策作用，提升机关事务管理质量和效益，有着重大的意义。

（三）机关事务管理与大数据融合的政策背景

随着大数据时代的到来，数据已经成为世界各国重要的战略资源，依托大数据实现各行各业转型升级、创新治理体系等已成为趋势。机关事务管理部门在工作运行中产生并掌握大量的重要数据，凭借大数据技术实现机关事务管理的数字化、智能化意义深远。机关事务管理部门布局快、占位高，已经制定了一系列相关政策。

2015年8月31日，《国务院关于印发促进大数据发展行动纲要的通知》（国发〔2015〕50号文）提出，建立"用数据说话、用数据决策、用数据管理、用数据创新"的管理机制，实现基于数据的科学决策，将推动政府管理理念和社会治理模式进步。国家机关事务管理局于2016年10月19日发布的《机关事务工作"十三五"规划》提出加快多领域信息技术融合发展，对于机关事务管理部门，利用"互联网＋机关事务"，将机关事务业务、数据与信息技术深度融合，推动机关事务的智能管理、优质服务和高效保障，形成机关事务管理新模式。2018年5月10日，国管局印发《关于推进新时代机关事务工作的指导意见》（国管办〔2018〕116号文）指出，要推动机关事务工作高质量发展，必须推进标准化建设，推行精细化管理，提升信息化水平，实施绩效化评价。

随着信息技术日新月异的发展，大数据技术使得各级组织海量数据的采集、存储、加工、利用成为现实，为在机关事务管理体系中发现问题、分析问题、解决问题、跟踪问题提供了基础支撑。但如何利用海量数据资源完善传统机关事务管理模式，需要运用数据思维来搭建各类量化的数据模型或分析平台，以求形成某些定性或定量的结论，促进机关事务管理体系变革。

二 机关事务数据化管理分析

（一）管理现状及存在的问题

当前，各级机关事务管理部门基本建立了较为独立的信息化平台，如公共机构节能管理、资产管理、办公用房管理、公务用车管理、住房档案管理、财务管理等，该类系统在一定程度上提高了政府的办公效率。

受建设时期信息技术水平和部署环境所限，有些平台在公有云部署，有些平台在单位内部独立部署运行①，各平台所建设的软件、硬件等彼此分离，数据资源也是各自存放，导致无法建立统一的机关事务大数据中心。各部门系统存在功能单一、动态监管难度大、安全风险、业务分离、"信息孤岛"和设施离散等问题，这些问题是实现各系统间数据资源共享、业务高效协同的羁绊，是目前不能完全实现无纸化办公的关键原因。

总体来说，当前治理体系所依托的信息化系统无法满足新时代机关事务大数据的高效应用需求，尤其是缺乏为当前机关事务决策提供科学依据等功能。

1. 多种系统各异，"数据孤岛"现象严重

从业务信息化应用角度来分析，一方面，多个系统并存，没有做到互联互通，存在"数据孤岛"；另一方面，某些应用系统建设时间较早，无论从业务覆盖还是具体功能上，都无法满足当前的业务需求②。

2. 平台功能简单，无法动态监管

由于部分平台的建设时间较早，信息技术受限，因此平台功能单一。例如，房产信息智能管理平台基本只拥有数据分类存档功能，无法实现动态监

---

① 全国机关事务管理研究会：《大数据在机关事务管理中的应用》，《中国机关后勤》2019 年第 1 期，第 20～22 页。

② 《推进标准化建设提高治理能力——国管局召开机关事务标准化工作现场会》，《中国机关后勤》2018 年第 1 期，第 6～7 页。

管，且平台在运行过程中还存在一些系统缺陷。

3. 线上线下并存，办公效率低下

当前部分系统没有真正发挥作用，仍是传统管理手段和信息化管理手段并存，不但没有节约办公时间和缩短办公流程，反而加重工作负荷，最终导致信息化平台因无法适应业务发展而搁置不用。如事项审批信息的传递仍不同程度地依赖手工完成，签批流程和办理手续并未实现真正的无纸化。

4. 业务管理存在差异，缺乏健全体系

从国有资产监管来看全局工作，各个业务部门的信息化系统独立，造成各级业务处室在进行业务监督过程中缺乏有效的手段，无法实时监控到各单位的日常业务数据，很难发现业务过程中存在的弊端。管理单位也很难对业务工作形成适时有效的监督，更无法保证各单位上报数据的准确程度①。

5. 数据统计困难，决策依据不足

在数据统计分析方面，各业务部门无法实现数据的实时汇总和共享，各单位资产使用状况、相关业务办理情况等数据需要由人工整理，数据的准确性、时效性和全面性都无法保证，不仅无法实现大数据的增值应用，而且给大量的决策分析和监管带来很大难度。

（二）数据思维基础

从数据思维的角度来看，对机关事务管理的变化形成定性的结论，需要通过数据对比和分析得出，要持续挖掘数据的价值，如不断地将机关事务管理中优秀的、可复制的操作流程标准化，将其沉淀到机关事务管理系统，并分享给不同管理者或部门，实现"社会化服务、标准化保障、智能化管理"的新型机关事务大数据管理，并建立统一的机关事务管理大数据中心和业务应用系统。

大数据中心建设是以数据思维的方式改变传统的机关事务管理内容，需

---

① 张忠明：《深入贯彻落实党的十九大精神　不断推进机关事务治理体系和治理能力现代化》，《中国机关后勤》2018 年第 9 期，第 25 ~ 28 页。

紧密围绕机关事务涉及资产与经费等的管理、服务和保障职责，以资源整合、数据共享、价值放大和业务融合为最终实现提升管理效能、服务水平和保障能力的总体目标。依托物联网、大数据、人工智能等信息技术，实现各应用场景的数据采集、传输、汇聚、加工、处理、应用和展示，并配套开发相应的场景应用平台，从而解决现有体系下多种系统并存、"数据孤岛"现象严重，数据标准不同、线下审批低效、业务管理差异、监督工具缺乏、数据统计困难、决策依据不足等问题。

一般各类数据的采集依托于不同种类的终端采集设备。随着 5G 技术的发展，边缘计算和低功耗窄带物联网技术取得突破，越来越多的数据将实现在线智能采集和传输，支撑机关事务管理大数据中心的建立。

（三）机关事务数据化管理顶层设计原则

要做到准确精准采集并保障数据资源的安全，建设高效的大数据中心，还需遵循如下原则。[1]

1. 顶层设计，具备前瞻性，实现数据深度融合

前期规划设计和方案实施，应按照相关法律法规、行业规范等开展工作，借助新一代信息技术，充分调研并学习国内外的先进经验，强调系统的高可靠程度和先进程度，利用超前思维，关注未来发展趋势和前沿技术，并分析其可行性和成熟性。深度参与自身核心技术的研发及应用，建立健全完善的信息安全风险防范机制，如数据灾备、数据加密、内容处理等，保障全部系统的安全高效运行，最终实现管理业务系统与技术支撑系统的有机融合。

2. 整合资源，具备扩展性，满足未来需求

整合各类系统与资源，已建成系统通过接口转换等技术手段实现整合，新建、改扩建系统根据相关标准规范，依托政府电子政务系统和部门业务系

---

[1] 田学：《大数据时代城建档案管理信息化面临的挑战和途径》，《办公室业务》2018 年第 15 期，第 36 页。

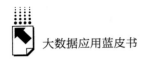

统进行建设。项目建成后，为安徽省搭建一个机关事务综合管理信息平台，实现政府上下各级系统之间数据相互贯通、资源共享。系统搭建工作应以实际需求为导向，以实际应用为重心，结合当前及未来发展方向，既要满足当前工作的需求，又能适应长远发展的需求。

3. 注重实用，具备专业性，讲求实效

不仅要重视系统硬件设施基础建设，更应重视软件和信息源开发等软基础建设，保证平台的实用性；既立足于快速响应，又保障日常应用，避免重硬件、轻软件的情况发生；既能够发挥专业业务系统的作用，又能提高资源整合效益和平台的实用性，专业相近平台要统一整合建设，避免各部门都搞大而全的管理服务综合信息平台建设。

三 数据驱动的机关事务管理案例

数据的价值在于传递、流通和共享，机关事务管理的数据思维是在对不同部门各类业务数据融合分析的基础上体现出来的，因此需建设统一的数据资源库及数据共享中心以实现各业务部门之间数据资源共享与协作，数据资源库包括基础数据库（如人员信息、车辆信息等）和业务数据库（如公务用车数据库、办公用房数据库和公务接待数据库等）。

基于数据不同属性和特性，可开展不同情况下的数据分析和运算工作，如均值、极值、斜率、微积分等。结合业务实际需要，提供各类数据的初步或中间处理值，利用机器学习算法进行分析和预测，建立各类分析模型，为决策或展示等提供可视化支撑，并得出一些定性结论。根据需求，将基础数据分析和运算、数据条件筛选以及机器深度学习等进行组合，形成不同应用场景下的工作流，对实时数据进行分析和处理，下面以公务用车为例说明大数据在机关事务管理过程中的部分应用。

（一）数据化的公车管理系统

2014年，中共中央办公厅、国务院办公厅印发《关于全面推进公务用车制度改革的指导意见》（中办发〔2014〕40号），要求加快推进公务车制度改革。安徽省创新开发了"公车管理与公务出行云服务平台"，率先实现"数据化的全省一张网"，即"公车管理一张网、公务出行一张网"，为推动建立制度化、规范化与科学化的新型公务用车制度、智慧政务服务体系做出了贡献。

"数据化的全省一张网"得到了国家机关的充分肯定并在全国推行。平台建设因高度契合国家改革总体精神，同时得到了中央车改办和社会各界的充分肯定。中央车改办于2015年11月、2016年4月、2016年9月赴皖督查调研；2015年12月、2016年9月、2018年3月安徽省代表分别在西安、合肥、兰州召开的全国地方公车改革经验交流会上做汇报发言；中央车改办连续七期专题报道安徽经验，并向全国推广，将"公车管理一张网"与公务出行共享模式作为全国公车改革蓝本。

"数据化的全省一张网"是技术规范、服务规范、管理规范等标准体系，已经成为全国公务用车管理平台建设的内容和要求。平台包括公务用车监督管理平台、党政机关保留车辆管理服务平台、统一跨部门调度服务平台、执法执勤用车管理平台、事业单位公务用车管理平台、国有企业公务用车管理平台、定点租赁服务平台、定点维修保养服务平台。平台对党政机关、事业单位、国有企业公车进行全生命周期管理，实现了公务用车全流程记录、公车运行全过程监管、公务出行全方位保障、数字资源多部门共享。平台建设内容和要求形成中央车改办《关于进一步加强地方公务用车平台建设的通知》（发改电〔2016〕756号）并发到全国各省份要求遵照执行，填补了我国电子政务在该领域的空白，有效地提升了政务服务能力。

平台基于物联网、移动互联、大数据、云计算与人工智能等新一代信息技术，采用垂直SaaS服务模式，面向党政机关、事业单位、国有企业的公务用车管理，自上而下、自下而上建立垂直管理和横向跨区域服务体系，面向汽车制造商、维修保养与保险用户，构建基于公车全生命周期管理的生产消费生态圈；面向党政机关、事业单位、企业与个人用户，连接租赁、维修服务企业，构建公务出行共享汽车的生态圈，"一上一下一横"打造"人—车—生活"新商业模式，为党政机关、事业单位、企业、社会与个人用户提供服务。

安徽、云南、广西、宁夏、湖南、湖北、山东、江西等29个省（区）已建成"数据化的全省一张网"，并取得了一定成效。安徽已经实现了全省、市、县、乡镇四级党政机关纵向横向互联互通。自2015年7月至2018年8月，全省184个省直党政机关和参公事业单位、16个地市、105个县（市、区）及1516个所辖乡镇，均已完成公车大数据平台建设工作。通过搭建"数据化的全省一张网"公务用车管理平台，安徽实现保留总数削减46.6%，公务交通总支出节支率达到11.2%，节省开支6.02亿元。

此外，为巩固全国公车改革成效，国家发改委搭建了全国党政机关公务用车制度改革考核评估管理平台①，对全国各省（自治区、直辖市）公务用车信息化建设和管理进行量化考核，这是数据思维的重要体现之一。

（二）数据化公务用车管理系统部分功能

1. 大数据的展示应用

通过采集和加工海量公车数据，如位置信息、油耗信息等，可统计得出车辆的时速、运行轨迹以及每公里的油耗数，并以图表或其他可视化方式呈现，这是公车大数据应用中普遍存在的一类。

2. 跨区域出行预警

根据《中共中央办公厅　国务院关于印发〈党政机关公务用车管理办法〉的通知》（中办发〔2017〕71号），公务车辆合法合规使用是机关事务管理工作中非常重要的一环，所有公务车辆有任务出行、无任务出行、区域出行等均在平台监管之内。通过车载智能终端提供的数据，系统平台可实时显示车辆的位置信息，基于大量的位置数据，可对所有公务车辆设置限制出

---

① 全国党政机关公务用车制度改革考核评估管理平台网站，http://gwyckhpg.govicar.com:9292/。

行区域和有无任务信息标记，当无任务车辆进入限制区域时，可定义为非法启动，系统会双向发送预警和报警信息，同步在平台记录。

3. 驾驶行为评价分析

机关事务管理工作的特殊性，要求政府对公务用车驾驶员的驾驶风险进行评估，所有驾驶员的驾驶行为应当符合交通部门要求，因此需要定期对驾驶行为进行分析、评价和考核（见图1）。系统采集驾驶员的驾驶习惯和行为数据，如急加速、急减速、空挡滑行、超转、超速、疲劳驾驶数据，并进行统计分析，建立驾驶行为模型，通过机器深度学习、模型智能评估等技术不断完善优化模型并进行验证，最终给出驾驶员的驾驶风险评估报告。

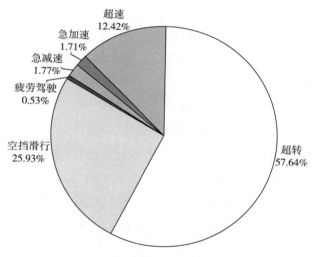

图1 驾驶行为分析

4. 车辆管理智能决策

每年年末都要对来年公车经费进行预算。基于公务用车大数据，系统可以轻松统计分析出某台车每年的使用频次、公里数，以及加油、维修、保养等成本费用，可形成每车一挡的公车全生命周期报告，并根据预设的条件，如使用频次、公里数、成本等参数的阈值设定，通过大数据分析可为车辆编制、经费预算等提供科学的决策依据。

四　大数据面临的信息安全

在当前新一代信息技术与各行各业深度融合的浪潮中，建立社会化服务的数字政府，实现数据资源共享是必然趋势，其前提是保障数据信息安全。因此，解决数据资源共享过程中各类信息的安全问题是必然也是基础。当前主要涉及身份识别与认证、会话管理、权限管理、敏感数据保护、代码设计、内容安全等问题，以下简要阐述针对这些问题普遍采用的方法。

（一）身份识别与认证

身份识别和认证是信息安全的第一道门，当前人脸、指纹和声纹等特征识别数据容易被窃取和篡改，存在较大的风险，一般可通过以下几点进行防范。

第一，管理页面采取强口令策略。系统监控登录验证口令设置，这样设计比较复杂。

第二，最后一道认证流程应在平台服务器处理。用户注册功能加入强身份认证机制，如验证码等。阻止攻击者通过非实名制方式尝试注册、登录。

第三，限制连续登录失败次数。用户端进行多次连续登录失败时，服务端将锁定 IP 机器地址，并配置解锁时长功能。

第四，统一认证。业务账号通过统一认证机制进行集中管理。

第五，平台禁用常见的敏感账号，如 root、admin、administrator 等。

（二）会话管理

预防信息外泄也是信息安全重要内容之一，会话管理应注重标识化，防泄露，一般通过以下几点来规避。

第一，禁止修改会话信息，会话信息以"会话状态"的方式存储于服务器端。当认证通过后，用户标识无法被篡改。严禁以不安全的方式维护和存储信息。

第二，禁止使用未经验证的信息赋值会话信息，以防被篡改。

第三，禁止使用用户登录前的标识。

第四，用户退出后，同步清除其相应会话信息，防止内存的会话信息遭窃取。

第五，配置会话超时功能，超时后自动清除相应信息。

（三）权限管理

不同部门、各个级别应设置各自管理权限。对于如何设置相应的权限，应有一整套系统的权限管理方案。

第一，用户权限最小化和职责分离。一个账号仅能拥有必需的角色和权限。管理员账号用于统计分析和平台管理，审核员账号用于业务审核，调度员账号用于业务调度，普通用户账号只能使用应用功能。平台管理员可以通过权限管理模块对用户进行权限设置，主要包括以下几方面。首先是用户访问权限。管理员定义系统功能模块使用权限和数据读写权限等包括在内的用户访问权限。其次是用户审核权限。管理员可根据需要定义审核员角色，审核员拥有对用户申请进行审核的权限。最后是用户调度权限。管理员可根据需要定义调度员角色，调度员拥有通过的调度权限。

第二，鉴权于服务器端处理，授权和角色数据存放在客户端中，以防被篡改。

第三，严禁访问未公开的 Web 服务器内容，并对相关行为进行访问控制。

（四）敏感数据保护

机关事务管理部分工作涉及国家重要公务人员的安全，因此对敏感数据的保护是十分必要的。敏感数据一般通过加密、安全等算法进行处理。

第一，敏感数据（如密码、公务人员、车辆基本信息等）加密存储、加密传输。

第二，密钥或账号的口令加密存储。

第三，禁止将明文形式的敏感数据存放于隐藏域。

第四，对敏感信息进行安全算法加密。

（五）代码设计

代码安全是信息安全中无法避开的一项内容，它是构成整个系统的基本单元，因此要做密级处理，一般采用以下代码设计方法进行防范。

第一，禁止在代码中存储敏感数据，如口令、数据库连接字符串和密钥等。

第二，所有的表单数据应当使用 HTTP-POST 方法提交。禁止使用 HTTP-GET 方法提交表单，防止被篡改泄密。

第三，代码设计应加强对常见安全风险的预防和处理，如用户输入脚本过滤、对 SQL 注入、Cookie 管理等。

第四，禁止在静态页面的注释信息中输入源代码信息。

第五，禁止代码注释信息中涉及敏感信息。

第六，应在服务器端对所有输入数据严格校验。

第七，不允许通过直接字符码串联相关敏感数据和用户输入数据。

第八，对输入数据类型进行多重判断。

第九，预防通过路径遍历漏洞下载敏感数据，防止用户上传后门脚本。

（六）内容安全

机关事务大数据管理的内容安全主要涉及图像、音频等，在开放共享的前提下，要做好信息防护措施。

第一，严格检查实时监控系统所发布的内容，如发现有病毒，立即采取智能化应急处理措施。

第二，平台对各类内容实时过滤，预防有害信息传播。

五　对我国机关事务大数据管理工作的展望

（一）标准化与数据化促进全国一盘棋

未来机关事务管理的目标是实现"全省一张网""全国一盘棋"，前提是在管理过程的各节点制定规则和标准，并不断地改进和优化流程，即管理流程标准化。大数据相关技术是实现管理标准化的工具，而标准化是实现数据化的基础。标准帮助建立每个管理流程的数据化，从而推动管理的量化、精细化和科学化。例如，国有资产、"三公"业务管理及服务社会化改革等方面的规则、流程和标准，是机关事务信息化管理的前提，也是数据源之一，而大数据反哺则会促进标准的修订和优化完善。

（二）法制化推动机关事务管理更加透明

机关事务管理法制化是打造透明政府的基础保障，法律规定是强有力的监督制约手段。围绕关键环节，如公务用车、办公用房、公共机构节能、公务接待等，通过大数据分析，制定需求与供给、配置与效率等相关法制体系，是实现机关事务管理、服务和保障职能高效运转的必要保障。

（三）数据智能化打造决策型政府

以大数据思维，利用新一代信息技术开发不同场景的应用平台，加大对机关事务工作的数据采集和精准分析力度，建立不同场景、不同要求下的数据模型，为机关事务管理各个环节的重要事项提供科学的数据决策服务，尤其是面对已来临的 5G 时代，建立具有前瞻性、可扩展性的数据智能服务系统和机关事务大数据中心，加强数据筛选、分析、挖掘等工作，有助于提供差异化、精细化、分层化的保障服务，这也是未来机关事务数据化、智能化的主要方向和趋势①。

---

① 柯思宇：《人工智能时代机关事务的未来在哪里？——〈未来简史〉〈人工智能〉等书籍读后感》，《中国机关后勤》2018 年第 1 期，第 53～55 页。

B.10
协同可视化：大数据时代的数字建工

吴红星[*]

摘　要：　大数据时代已经到来，各个行业都紧跟大数据时代的步伐进行改革和创新。如何利用互联网、大数据实现建筑业的改造升级，已经成为传统建筑企业发展面临的紧迫任务之一。为了更加形象与真实地展示数字建工，本文以安徽建工集团为例进行阐述，提出协同可视化，实现组织协同、业务协同，用具体的数据诠释制度变为流程，流程体现岗位，岗位产生数据，数据决定行为的做法和重要性。通过数据展现，让业务可视化；通过数据分析，让管理科学化，最终让大数据时代的建工变成真正意义上的数字建工。

关键词：　建筑企业　业务协同　数字建工　大数据应用

建筑行业留给人们的第一印象是环境不是很好，主要与水泥、砂石、钢筋等各种材料打交道，好像和大数据没有任何关系，更不用谈什么数字建工。其实不然，建筑业是信息密集的产业，涉及人力、财力、物资、成本、进度、质量、产值、安全、技术等多方面的数据。住房和城乡建设部发布的《2016～2020年建筑行业信息化发展纲要》指出，全面提高建筑行业信息化

---

*　吴红星，教授级高级工程师，工学博士，国务院特殊津贴专家，安徽省学术和技术带头人，安徽省"特支计划"人才，全国优秀首席信息官，研究方向为企业信息化、数据挖掘、系统集成、网络安全等。

水平，增强大数据的应用能力[①]。现在很多企业已经充分认识到新一代信息技术特别是大数据应用能力对企业价值提升的作用，有的已经把数据作为企业很重要的生产要素，通过挖掘数据背后的价值增强企业核心竞争力。大数据的发展过程也就是大数据的应用过程，应用促进了发展。大数据的应用其实是一个非常复杂的过程，主要由数据的生成、数据的存储、数据的分析、数据的可视化等几个步骤组成。传统层面的数据生成杂乱无章，各自成为一体，不方便数据分析，更谈不上数据可视化了。所以针对建筑行业严格意义上的大数据应用的例子相对还很少[②]。

安徽建工集团（以下简称集团）是一家拥有近 2 万员工的集团型企业，包括 200 多个法人组织单位，1000 多个全球在建项目，300 多个基层党组织，4500 多名党员等。正是因为集团人员多、基层单位多、项目分布区域广、业务类型多、基层党组织多以及集团建筑施工专业复杂多样，工程项目地点分散，子（分）公司较多，无法实现各专业的数据共享及各组织协同审批，造成时间浪费及市场机会的错失等问题出现，特别是在大数据时代，随着智慧工地等新技术突飞猛进，集团亟须建立一个平台实现多业态、多组织之间的协同管控。只有实现全员协同，全组织协同，全业务协同，才可能真正实现协同可视化：让协同平台成为大量业务数据汇集的快速通道，移动终端成为业务岗位上的智能工具，业务报表和图形报表成为大数据的展示窗口，项目地图和党建地图成为简明的业务总览以及入口。

2017 年，安徽建工集团在信息化建设和大数据应用上提出了"制度变为流程、流程体现岗位、岗位产生数据、数据决定行为"的指导思想。在这一思想的指引下，又提出了"五个一"工程，即一平台、一终端、一张表、一幅图、一中心，并通过自身信息化建设和大数据应用诠释了协同可视化：大数据时代的数字建工。

---

① 《住房和城乡建设部关于印发 2016～2020 年建筑业信息化发展纲要的通知》，2016 年 8 月 23 日，http：//www.mohurd.gov.cn/wjfb/201609/t20160918_228929.html。

② 马智亮、刘世龙、刘喆：《大数据技术及其在土木工程中的应用》，《土木建筑工程信息技术》2015 年第 7 期，第 45～49 页。

一 业务协同化：平台成为业务数据汇集的通道

集团型建筑施工单位的数据有以下特点：首先，数据维度比较多，数据结构多样，简单来看，既有建筑类数据，如建筑造价类数据、建筑结构类数据、建筑施工工艺类数据、建筑材料类数据，也有管理类数据，如视频数据、协同审批数据等，不同数据模型的形态也不尽相同。其次，集团型企业数据资源分散在不同单位或项目部手中，数据资源的整合存在一定困难。例如，管理类数据包括 HR 数据、财务数据、质量数据、安全数据、项目数据等，由于关注点及颗粒度不同，以年报、季报、月报等不同形式分散在从集团总部到所属各子（分）公司以及项目部的各个层面。而且主要的业务类设计数据存贮在业主或设计单位。再次，随着建筑信息化建设和管理要求的升级以及数字建筑的出现，其施工管理系统历经几代发展，各系统之间的数据关联性和参数继承性较差。最后，还有大量的技术性文件以 CAD、纸质文档等方式分散于各参建方。目前，建筑行业项目方面的视频和移动单兵数据量比较大，其余数据原则上是结构化数据和半结构数据。从集团每日新增数据量来看，工地视频图像就达 1000TB，而涵盖办公、财务、经营、人事、党建、工程、质量、安全、集采、物资等的协同平台数据约为 4.5GB。

因此，集团工程管理大数据协同平台应用的目标就是集成海量、复杂大数据，实现业务互联互通、信息协同共享、决策科学准确，紧紧围绕人员、机器、原材料、方法、环境等关键要素，将施工生产过程大数据与工程质量、安全等结合，防范各阶段风险，降低成本，提高施工现场的生产效率、管理效率和决策能力等。具体分析如下。①

（一）业务协同平台

集团型业务协同平台集成了协同办公、移动协同、合同管理、项目管

---

① 下文涉及的所有数据是安徽建工集团截至 2019 年 5 月的数据。

理、经营管理、安全管理、审批管理、流程优化、分权多组织人事管理等功能。对所属各公司项目进行全过程管控，实现多法人组织架构下"人力、财务、机器、成本"等管控，并且通过对各项业务数据的加工处理可以更加有效地辅助决策分析和偏差纠正。建筑工程系统业务协同平台也不例外，属于集团型业务协同平台。

安徽建工集团业务协同平台建设实现了从规划、设计到实施、应用全过程的完全自主（见图1）。整个网络以 2 台华为 S9706 构成双机热备的核心网络，以 10G 光纤垂直主干连接各楼层接入交换机 S5700，以 1G 六类双绞线连接到桌面。目前采用 2 台 x3850X6 PC 服务器作为主数据库服务器，用 2 块 FC-HBA 卡和光纤连接 SAN 交换机与 V3700 磁盘阵列形成 FC-SAN 存储环境，安装有 CentOS 7 操作系统和 Oracle 11gR2 关系型数据库管理系统及双机 HA 软件，确保数据库系统及数据的安全及连续运行。分别采用 1 台 x3650M5 PC 服务器作为 CES 协同应用服务器，用 1G 六类双绞线与 DMZ 交换机连接，安装有 CentOS 7 操作系统和 Resin 应用服务器软件及协同应用系统；1 台 x3650M5 PC 服务器作为 APS（Android Push Server）服务器，安装有 CentOS 7 操作系统和 APS 应用系统，用 1G 六类双绞线与 DMZ 交换机连接，通过防火墙 DMZ 区为外网提供 APS 服务，以解决安卓手机及平板电脑访问内网的连接问题。同时 APS 服务器会根据用户权限自动推送企业流程及通知公告类信息到注册的安卓手机及平板电脑上。此服务实现了与协同平台应用集成，使手机及平板电脑直接成为企业智能协同终端。

业务协同平台基于"协同""移动"两大技术支撑，采用"技术上移、应用下移"集中部署、分权应用模式实现集团全覆盖。集团机关、所属各子（分）公司拥有独立的应用门户，跨单位兼职人员拥有多门户；工作流程完全由各单位自主定义，支持上级单位与下级相关单位流程间的穿透应用，PC 与移动端实时同步，无须重复审批；流程信息和通知公告等实时推送到移动端，实现随时、随地、随需协同办公。自主研发的智能报表体系既能够实现全方位、细粒度自由查询，又能方便灵活地按照管理者需要生成各种业务的自定义报表。

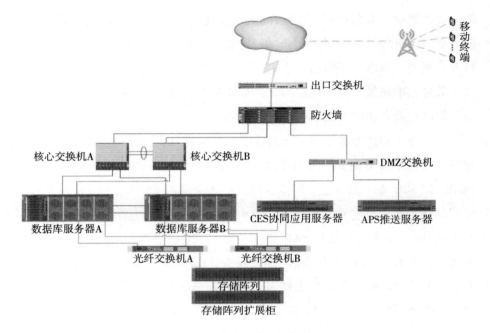

图1 业务协同平台拓扑图

目前，业务协同平台已覆盖集团及其所属几十家子（分）公司，用工超过13000人，分部（二级、三级公司）超过2400个，移动终端用户数超过3100人，日平均使用移动端人数超过2300人，日平均使用PC端人数超过8600人。其管理成效主要体现在提高了工作效率、降低了管理成本、提升了企业集约化管理水平、节约了建设成本。经测算，业务协同平台开通以来，为企业节约开发、部署、硬件运维，经营管理人力、物力，日常办公空间等各项建设资金、费用、成本超过1亿元。

（二）制度变为流程

集团型企业发展需要加强业务管控、优化相关规章制度，但若管理制度不能变成有效的业务流程，则一切都是空话，这也是信息化的基础，更是企业管理获取大数据的源泉。然而，对于施工企业来说，随着市场的变化，业务也发生变化，制度往往也随之改变。所以没有哪一个施工企业的制度是僵

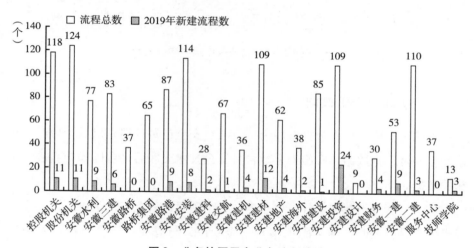

化不变的，只要变就一定要在信息化中体现出来，所以"制度变为流程"就是动态管理的调控过程。从业务流程统计来看，截至 2019 年 5 月，集团共启用 1491 个流程，仅 2019 年 1 月至 5 月，集团所属各单位深挖应用需求，就相继架设启用了控股董事会印章使用申请流程、网络新媒体（微信公众号）备案登记流程等 123 个新流程，每个流程的表单设计和流程图都有相应的制度文件依据，实现集团制度流程化、流程表单化、表单信息化（见图 2）。这个数据更能反映集团型企业管理的有效性和灵活性。从大数据本身可以看出企业对市场的应变能力。

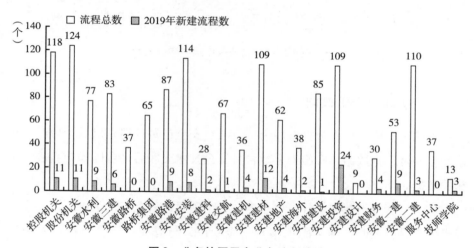

图 2　业务协同平台业务流程统计

（三）流程体现岗位

如果说制度是集团型企业的准则，那么流程就是制度的精简版，更是信息化的前提条件，但是施工企业是靠各个岗位的人干出来的，没有各个岗位明确的职责，管理一切是不可能的。信息化再好，流程上的各个管理节点如果不能与人员岗位相匹配，所产生的基础数据就会不准确、不及时。所以"流程体现岗位"则反映出数据的来源是否及时可靠。集团总部及所属各单位共架设启用各类流程数 1491 个，对应的岗位数 9758 个，平均每个流程涉及的岗位数不少于 6 个，流程体现岗位成效明显（见图 3）。

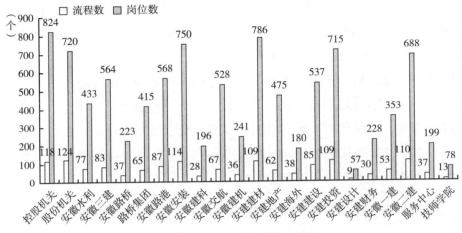

图3　业务协同平台业务流程中岗位统计

（四）岗位产生数据

以施工安全管理大数据应用为例，项目安全员每日巡查以后平台就会直接产生安全巡查数据，实施安全教育、安全技术交底后平台同样会直接产生相关数据。

从安全管理类数据统计可以看出，各个项目的安全工作是否到位，安全隐患排查是否及时，安全隐患整改是否到位，与行业规定是否存在差距等（见表1）。根据数据可以综合分析出各施工单位在建项目数与对应的安全管理类检查次数不符，项目填报覆盖率及质量差距较大，填报频次与集团对项目的管理规定不符等。另外，从大数据可以分析出各施工单位对流程填报工作的重视程度，要想做到"岗位产生数据"虽需要经历一段较长的时间，但采用大数据技术后，"岗位产生数据"的信息化步伐加快。

表1　业务协同平台安全管理类数据统计

	安徽一建	安徽二建	安徽三建	安徽水利	路桥集团	安徽路桥	安徽路港	安徽安装	安徽交航	服务中心	安建海外	安建建设
在建项目数（个）	64	47	281	318	53	78	59	134	30	8	38	25
危大工程填报（个）	103	977	959	1626	205	509	401	4	75	0	78	608

续表

	安徽一建	安徽二建	安徽三建	安徽水利	路桥集团	安徽路桥	安徽路港	安徽安装	安徽交航	服务中心	安建海外	安建建设
安全教育人数（人）	5238	10374	63882	97372	9414	32367	13539	6126	3989	0	12876	9780
技术交底人数（人）	3559	13769	103457	57423	7981	20493	13108	6026	3097	14	12883	5943
安全巡查次数（次）	5128	15235	39447	92730	13026	25637	14943	12278	8043	2	703	12807
隐患排查次数（次）	195	1535	6451	9069	1299	2500	1136	93	299	0	336	722
隐患整改次数（次）	255	12226	17323	20207	436	1712	905	108	262	0	301	670
大型或特种设备登记数（个）	265	2549	1539	1241	303	272	419	136	55	0	266	690

（五）数据决定行为

集团型企业要解决业务协同办公问题，为集团所属各单位以及施工项目部做好服务。从日常办公类数据可以看出服务的质量（见图4）。集团系统

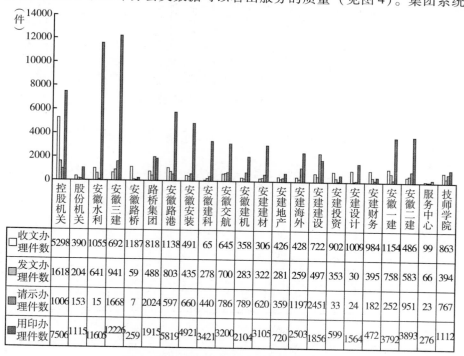

	控股机关	股份机关	安徽水利	安徽三建	安徽路桥	路桥集团	安徽路港	安徽安装	安建建科	安徽交航	安建建机	安建建材	安建地产	安建海外	安建投资	安建设计	安建财务	安徽一建	安徽二建	服务中心	技师学院
收文办理件数	5298	390	1055	692	1187	818	1138	491	65	645	358	306	426	428	722	902	1009	984	1154	486	99	863
发文办理件数	1618	204	641	941	59	488	803	435	278	700	283	322	281	259	497	353	30	395	758	583	66	394
请示办理件数	1006	153	15	1668	7	2024	597	660	440	786	789	620	359	1197	451	33	24	182	252	951	23	767
用印办理件数	7506	1115	1160	2226	259	1915	5819	4921	3421	3200	2104	3105	720	2503	1856	599	1564	472	3792	3893	276	1112

图4　业务协同平台日常办公类数据统计

内大部分单位收文办理、发文办理、请示办理、用印办理等日常办公类流程应用较好，经抽查，大部分单位已告别纸质台账记录，通过 CES 协同平台自动生成电子台账，日常办公已基本实现流程化、协同化。

进入"互联网＋"时代后，从移动终端的协同运用情况中最能看出一个企业信息化的程度。如图 5 所示，业务协同平台 APP 用户数为 3168 人。根据"谁使用、谁负责"的原则，集团所有用户使用网络均需身份验证，确保网络安全。如图 6 所示，无线网络开通用户数为 1462 人，有线网络开

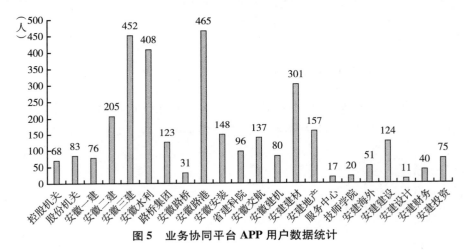

图 5　业务协同平台 APP 用户数据统计

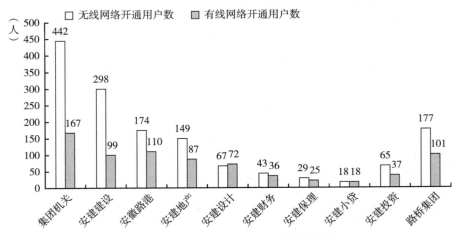

图 6　业务协同平台部分网络用户数据统计

通用户数为 752 人，网络规范化管理成效日益明显。按照集团有线网络使用管理办法和集团无线网络使用管理办法，平台严格规范网络管理，全部"实现一人一网口""一人一地址""一人一账号""一人一密码"，用技防和制度共同构建网络综合治理体系，营造清朗的网络空间，用网络用户的大数据实时做好各项整改，最终确保提供一个规范、有序、安全的网络环境。

二 管理表格化：平台成为企业管理数据的仓库

业务协同平台通过流程获得了海量数据，经过筛选、清洗、转换等相关流程形成一系列的报表，为企业各级管理人员提供数据服务，提升大数据的价值。管理表格化的典型大数据应用包括集中采购、物资管理和投资管理等。

（一）集中采购大数据应用

2018 年 1 月至 2019 年 5 月，集团总部累计发起采购流程 674 个，集团所属单位自行发起采购流程 3374 个，前者合计采购控制价和中标价分别是 155.29 亿元和 149.71 亿元，后者合计采购控制价和中标价分别是 241.17 亿元和 222.9 亿元。集团利用大数据分析每个招标项目的中标价、流标原因，为后面的招标设置好控制价以及评标条件等（见表 2）。

表2　2018 年 1 月至 2019 年 5 月集团采购平台系统数据

单位：个，亿元

	集团总部组织的招标采购	集团所属单位自行组织的招标采购
流程发起数	674	3374
项目控制价	155.29	241.17
项目中标价	149.71	222.90

（二）物资管理大数据应用

从上游采购商交易数据可以看出，系统录入钢厂供应商 100 家，采购合同 102 份，采购量 102.46 万吨，采购交易额 44.06 亿元（含运输等其他费用），供应钢材品牌 59 个，钢材型号 95 个，系统发货 25728 车（见表 3）。从下游项目服务交易数据可以看出，发生往来公司 100 个，供应项目 850 个，采购合同 896 份，供应结算量 92.84 万吨，供应结算额 41.29 亿元，供应钢材品牌 59 个，钢材型号 95 个（见表 4）。物资系统数据可以实时生成和共享，提高数据回传效率，解决了上下游信息不对称、结算不及时不准确、数据统计口径和方法不一致等问题。同时系统实现 PDA 终端、手机等移动终端随时随地上传回单，为决策提供科学依据，促进物资业务的健康稳定发展，为集团物资管理提供信息化服务。

表 3　2018 年 7 月至 2019 年 5 月物资管理系统上游采购商交易数据

钢产供应商（个）	100
采购合同（份）	102
采购量（万吨）	102.46
采购交易额（亿元）	44.06
供应钢材品牌（个）	59
钢材型号（个）	95
系统发货（车）	25728

表 4　2018 年 7 月至 2019 年 5 月物资管理系统下游项目服务交易数据

发生往来公司（个）	100
供应项目（个）	850
采购合同（份）	896
供应结算量（万吨）	92.84
供应结算额（亿元）	41.29
供应钢材品牌（个）	59
钢材型号（个）	95

（三）投资管理大数据应用

PPP、BT（类 BT）项目、房地产项目、股权/产权项目信息是集团型企业相当重要的经营数据，因此及时获取相关信息尤为重要（见表5至表8）。在基础信息里可以看到总投资额、合同额、计划完工日期等信息，在当期信息里可以看到累计实际投资额、年度投资完成比例、总投资完成比例、股权异动情况、固定资产情况、项目回款、逾期回款等动态信息。根据这些数据可以实现科学、动态地调配集团资源，特别在资金周转方面。

表5　2019年5月PPP项目情况

单位：个，万元

	安徽三建	安徽水利	路桥集团	安徽路桥	安徽路港	安徽交航	安建投资
项目数	1	16	2	5	1	1	12
合同额	123882	3034653	320346	373108	184259	191370	2441204
总投资额	95402	1951893	184025	247042	126135	126052	1463242
本期完成投资额	0	24565	0	851	0	7844	19665
累计完成投资额	0	581605	0	22827	13973	50038	718017

表6　2019年5月BT（类BT）项目情况

单位：个，万元

	安徽水利	路桥集团	安徽路桥	安徽路港	安徽安装	安建建设
项目数	15	2	4	4	2	2
合同额	398231	37164	99489	73696	44986	79568
总投资额	290858	33174	67530	55582	34991	48575
本期完成产值	952	0	0	0	0	0
累计完成产值	449400	37164	90920	75870	40926	81241

表7　2019年5月房地产项目情况

单位：个，万元

	安徽水利	安建地产
项目数	22	18
合同额	57893	510655
总投资额	2221687	1446505
本期销售收入	0	42309
累计销售收入	1028382	302446

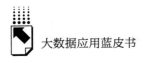

表8 2019年5月股权/产权项目情况

	控股机关	股份机关	安徽水利	安徽三建	安徽路桥	路桥集团	安徽路港	安徽交航	安建投资
项目数（个）	3	6	6	1	5	4	2	3	8
总投资额（万元）	24015	134730	56305	14682	21918	25000	16251	30480	80975
累计实际投资额（万元）	0	11926	17000	4050	150	6494	4248	4000	33727
年度投资完成比例（%）	0	9	30	28	1	26	26	13	42

三 决策图形化：平台成为领导决策数据的源泉

支撑领导决策是大数据应用价值的最好体现，而集团图形化决策系统更是大数据应用的直观反映，涵盖了互联网＋党建、市场经营管理、工程管理、项目安全管理、法务管理五大类图形化决策系统。

系统展现了集团党组织类型情况、党员人数情况（见图7），各单位党组织数量、党员人数和开展活动数量的情况，党内组织生活分类占比情况，以及各类型组织活动情况。

系统中还分别实现了以下目标。（1）利用海量点聚合算法以地图形式标记出各单位党组织所在地，客户通过点击党组织图标弹出窗口即可看到党组织的详细信息，系统并支持按所属单位、组织类型、党组织名称、状态等进行模糊搜索，以便快速定位。（2）以柱状图形式展现了跟踪项目、拟投标项目、中标项目、单位中标项目、单位本埠、省内市外、国内省外、自营、联营（合作）等内容，以饼状图形式展现了中标项目区域分布、中标项目经营方式等内容。（3）以柱状图形式展现了施工合同、非施工合同的统计情况。（4）以仪表盘形式形象地展现了年度产值完成率，以柱状图形式展现了当月、当年产值完成情况、年度同比增幅情况、单位合肥市内、市外省内、省外国内、海外当年产值情况等内容，以饼状图形式展现了当年产值区域分布和分类情况。（5）以柱状图形式展现了当月剩余工作量、竣（交）工和新开工项目，单位当月在建项目、在手项目、竣（交）工项目、

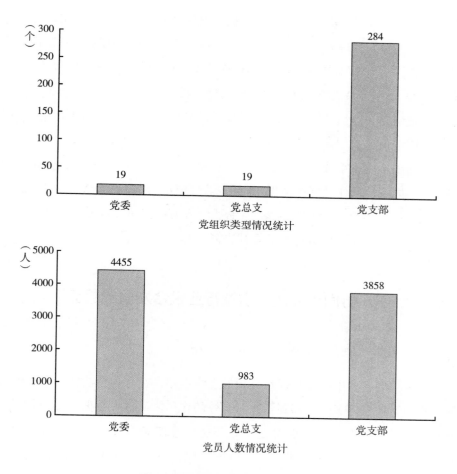

图7　互联网＋党建图形决策系统

新开工项目情况，竣（交）工项目和开工项目明细，在手未开工项目明细，投资类项目明细等；以饼状图展现了在建工程分部分类情况。（6）实时在建项目地图可以展现集团在建所有项目的信息、经度纬度等，配合图形决策系统可以实现全方位的工程项目信息穿透。（7）以柱状图形式展现了项目安全流程填报统计、月度安全巡查、单位安全巡查、月度隐患排查、单位隐患排查、月度隐患整改、单位隐患整改等统计内容。（8）以柱状图形式展现了月度隐患整改、单位隐患整改、月度安全教育、单位安全教育、月度技

术交底、单位技术交底、月度危大工程、单位危大工程、月度大型或特种设备、单位大型或特种设备等统计情况。（9）以饼状图形式展现了黑名单信息、外聘律师申请等内容，以柱状图形式按月展现了合同管理用印统计情况。（10）以柱状图形式展现了按单位、按项目类型等方式统计的法律纠纷案件登记情况，以饼状图形式展现了按项目类型等方式统计的法律纠纷案件登记与结案情况。

集团图形决策系统采用仪表盘、饼状图、柱状图等形式将各类数据的当期数据、同期、同比情况等数据进行展示，并且实现移动端 APP 同步应用。该系统为集团决策层、领导层提供了强大、友好的人机互动界面，并通过数据的快速整合、灵活展示达到了提高决策效率、提升管控层次的目标。

四 协同可视化：引领行业融合发展的趋势

（一）业务协同中的财务大数据应用

业务协同平台中财务管理类流程的上线启用，在合规合法性、审计稽查性、费用管控性等多方面起到了非常有效的作用。通过大数据的应用分析更能发现集团财务的相关数据价值，提升财务管控能力（见表 9、图 8 和图9）。特别在三项费用的管理、资金预算管理、资金支付管理、应收款管理等方面产生数据联动效应，结合集团的黑名单系统、法务案件管理系统为集团资金保驾护航。平台也统计出管控不到位的部分单位，可据此作为整改的目标。

表9 业务协同平台财务管理类数据统计

	流程架设数（个）	流程归档数（次）
控股机关	15	4833
股份机关	4	700
安徽水利	9	3441

续表

	流程架设数（个）	流程归档数（次）
安徽三建	6	9466
安徽路桥	4	1094
路桥集团	11	2659
安徽路港	13	8515
安徽安装	15	2660
安徽建科	5	2306
安徽交航	12	8802
安徽建机	5	1561
安建建材	6	10862
安建地产	11	2690
安建海外	2	751
安建建设	10	3092
安建投资	27	3860
安建设计	0	0
安建财务	8	2275
安徽一建	8	2338
安徽二建	6	5279
服务中心	3	208
技师学院	3	49

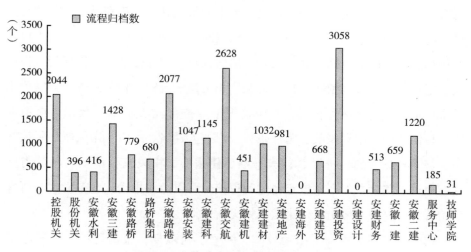

图8　业务协同平台费用报销数据统计

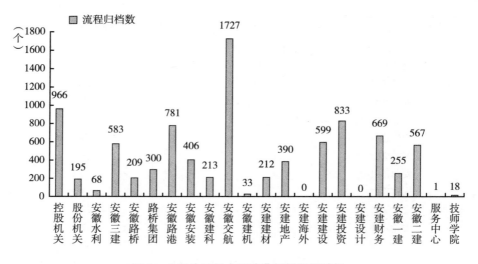

图9　业务协同平台差旅费报销数据统计

业务协同平台可以实时展现各部门、各子（分）公司费用管理情况，将具体、细化的费用进行详细登记，明确各级费用的责任主体和使用主体，使集团财务管理人员清楚掌握子（分）公司费用发生情况，以及与预算之间的差异和变化，从而可以为科学预算提供有力支持，提高报销费用事前控制管理效率。结构化、非结构化报销数据的采集有助于辨别报销事项的真实性，防止虚假报销和公款私用，还可以判断是否符合标准等。所有费用报销业务都涵盖了以下数据：开支项目、单据张数、附件张数、报销部门、报销人、报销日期、报销说明、预算情况、相关请示流程、相关附件、报销费用类型、报销费用金额等；所有差旅费报销业务都涵盖了以下数据：报销部门、报销日期、单据张数、附件张数、出差人姓名、事由、车船票、餐饮补贴、交通补贴、通信补贴、行车补贴、住宿费、相关流程请示、相关附件等。通过这些字段的严格设定与过程审核，可以追溯报销人业务发生的所有原始行为、事项及缘由，使虚假报销无所遁形。

线上审核环节提高了报销效率，缩短了付款期，报销过程实现了电子化，因而更规范、高效、简便。特别是同步开启移动端APP审批功能，实现了电子化审核，杜绝了手工报销时审批人员不在岗、拖拉、推诿的现象。输出环节做到信息的整合利用，报销汇总表实现多维信息的随需查询和复杂信息的交互，并且可进行可视化反映。

在财务管理大数据平台中，系统自动跟踪按部门、按所属单位进行统计的报销业务，并可按月度、年度进行查询及对比。同时通过可视化展现部门报销费用占比情况及月度报销费用占比情况，管理人员可以一目了然地掌握费用报销的整体情况。报销系统收集的信息不仅包括结构化信息，还包括大量的非结构化信息，这些信息被添加上各种标签储存在数据库中，进行业务事项的必要性、合理性分析。

（二）业务协同中"互联网＋"党建大数据应用

建筑业大企业集团多以央企或省属国企为代表，党建工作坚持以习近平新时代中国特色社会主义思想为指引，深入贯彻落实党的十九大精神，坚持党对国有企业的领导不动摇，充分发挥党委"把方向、管大局、保落实"的作用。强化组织建设，就是要切实履行好党的基层组织直接教育党员、管理党员、监督党员和组织群众、宣传群众、凝聚群众、服务群众的职责，以提升组织力为重点，突出政治功能，推动党建与生产经营深度融合，把党的基层组织打造成坚强的战斗堡垒。安徽建工集团在"互联网＋"党建大数据应用中进行了有益的探索，实现了表格化管理（见图10至图12）。

支部建在项目上，而项目分散在全世界各地，那么怎么做好基层党建工作？"互联网＋"成为最好的工具。这个工具可以根据各级党组织的组织生活情况获取一手的大数据资料，并及时反映党组织信息更新的情况。从数据中可以看出，集团系统内各级党组织有没有按照规定执行"三会一课"制度、也可以看到党内组织生活开展是否同步、及时、规范等情况。对于党员的大数据管理是党建工作较为重要的一个环节，要明确党员的各种信息，如性别、年龄、职业等，并在党组织填报流程中将其录入，直接点击人名便可以查看党员信息，通过党组织一览表反映各级党组织基础信息，直观把握某

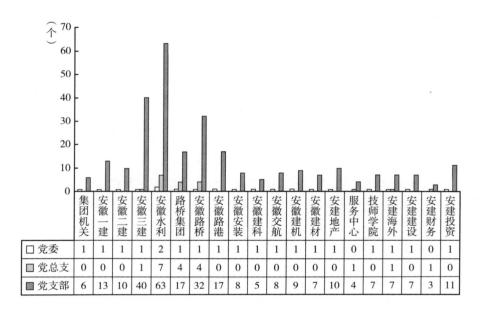

图10　中共建工集团党组织数据统计

个组织的党员队伍发展状况如何等。

　　持续深入进行基层党组织标准化建设，推进"两学一做"学习教育常态化制度化，扎实开展"讲严立"专题警示教育及大宣讲大督查活动，是对党内组织生活的基础要求。为此，集团党建大数据平台收集整理集团所属基层组织基础情况，包括党支部名称、届别、成立时间、书记、副书记、委员、党员人数、在职党员名单、离退休或其他党员名单、组织所在地等，还对党内组织生活进行大数据管控、分析，包括支部党员大会、支部委员会、党小组会、党课、民主评议党员、组织生活会、民主生活会、双重组织生活会、党员活动日、组织生活创新。党内组织生活数据不仅有日期、时间、地点、参加人数、实到人数、参加名单、群众名单、组织外人员参加名单等结构化数据，还有签到表、请假单、活动照片、音视频资料、相关文件等非结构化数据。通过对以上大数据的分析，上一级党组织就可以很轻松地掌握党组织是否开展多样化组织生活，是否按照规定时间、规定动作开展组织生活，党员参加比例、组织生活图片、文字资料是否齐备。确

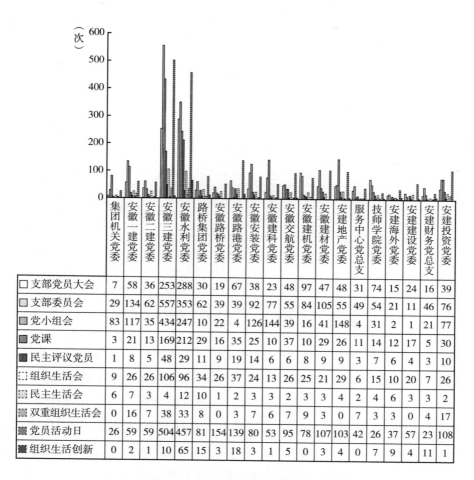

	集团机关党委	安徽一建党委	安徽二建党委	安徽三建党委	安徽水利党委	路桥集团党委	安徽路桥党委	安徽安装党委	安徽建科党委	安徽交航党委	安徽建机党委	安徽建材党委	安徽地产党委	服务中心党总支	技师学院党委	安建海外党委	安建建设党委	安建财务党总支	安建投资党委
☐ 支部党员大会	7	58	36	253	288	30	19	67	38	23	48	97	47	48	31	74	15	24	16	39
☐ 支部委员会	29	134	62	557	353	62	39	39	92	77	55	84	105	55	49	54	21	11	46	76
▨ 党小组会	83	117	35	434	247	10	22	4	126	144	39	16	41	148	4	31	2	1	21	77
■ 党课	3	21	13	169	212	29	16	35	25	10	37	10	29	26	11	14	12	17	5	30
■ 民主评议党员	1	8	5	48	29	11	9	19	14	6	6	8	9	9	3	7	6	4	3	10
▱ 组织生活会	9	26	26	106	96	34	26	37	24	13	26	25	21	29	6	15	10	20	7	26
▥ 民主生活会	6	7	3	4	12	10	1	2	3	3	2	3	3	4	2	4	6	3	3	2
▦ 双重组织生活会	0	16	7	38	33	8	0	3	7	3	0	3	3	0	7	3	3	0	4	17
▨ 党员活动日	26	59	59	504	457	81	154	139	80	53	95	78	107	103	42	26	37	57	23	108
▩ 组织生活创新	0	2	1	10	65	15	3	18	3	1	5	0	3	4	0	7	9	4	11	1

图11　中共建工集团党内组织生活数据统计

保党组织学习教育不走过场、落到实处，真正实现把党的思想政治建设抓在日常、严在经常。

集团党组织要求实事求是、客观公正、严肃认真地对待目标考核工作，通过考核鼓励先进、鞭策后进，总结经验、查漏补缺、共同提高。集团所属单位领导班子成员上线考核系统，涉及民主测评、考核组评价和集团机关评价三部分，其中民主测评和考核组评价采用集中数据填报，集团机关评价通过系统自动汇总各部分评价得分，通过数据交互分析，自动加

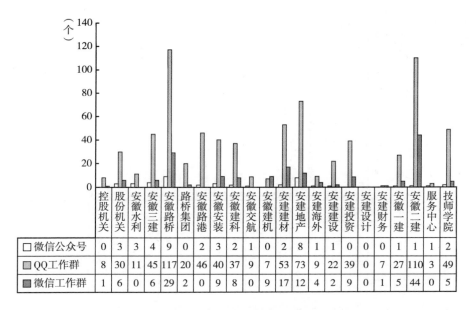

	控股机关	股份机关	安徽水利	安徽三建	安徽路桥	路桥集团	安徽路港	安徽安装	安徽建科	安徽交航	安徽建机	安建建材	安建地产	安建海外	安建建设	安建投资	安建设计	安建财务	安徽一建	安徽二建	服务中心	技师学院
□ 微信公众号	0	3	3	4	9	0	2	3	2	1	0	2	8	1	1	0	0	0	1	1	1	2
▨ QQ工作群	8	30	11	45	117	20	46	40	37	9	7	53	73	9	22	39	0	7	27	110	3	49
▪ 微信工作群	1	6	0	6	29	2	0	9	8	0	9	17	12	4	2	9	0	1	5	44	0	5

图12 业务协同平台网络新媒体备案数据统计

权计算并以报表形式展现，避免了人工统计结果不准及核对数据工作量大且烦琐等问题。平台共完成对9076人次领导班子成员的考核与综合评价工作，应用综合评价集中任免所属单位领导班子干部319次，所有数据应用过程透明、公开，接受集团纪委监督。在通过运用党员基础信息大数据、党员干部大数据、党内组织生活大数据的基础上，汇总党员学习情况、党组织工作情况等大数据，将线下实地考核与线上日常实时考核相结合，变"年底一次考核"为"全年过程监控"，以"线上监管"促"线下规范"，以"双线考核"促"整体提升"。集团用数据说话，综合运用考核指标57项，成功完成2017～2018年度、2018～2019年度党组织考核工作。

五 大数据应用决定数字建工的未来

习近平在全国网络安全和信息化工作会议上强调："信息化为中华民族

带来了千载难逢的机遇"。"我们必须敏锐抓住信息化发展的历史机遇"①。然而信息化的应用程度决定了数字化的进程。建工集团在信息化建设和大数据应用上提出的"制度变为流程、流程体现岗位、岗位产生数据、数据决定行为"的指导思想，为数字建工的大数据应用创造了良好的条件。协同平台成为所有业务数据汇集的快速通道，移动终端成为业务岗位上的智能工具，业务报表和图形报表成为大数据的展示窗口，项目地图和党建地图成为简明的业务总览以及入口。通过大数据协同平台集成海量、复杂的大数据，实现业务互联互通、全员协同、全组织协同、全业务协同，实现协同可视化。

数字建工大数据的成功应用，是建筑行业内集团型企业成功应用的典型，不仅与上下游产业链间形成互动，业务领域包括建筑工程及工程技术服务、投资与资产管理、房地产开发经营等，而且适用于各种规模的建筑施工企业。同时，业务协同平台可以成功地为上级主管部门打通对建筑交易市场监管、质量安全监管、诚信监管的通道，可以真实、可信、及时地从基层项目部获取大数据源头信息。

大数据的应用程度决定了数字建工未来的发展程度。运用好云计算、大数据、人工智能等技术，围绕人员、机器、原材料、方法、环境等关键要素，将施工生产过程大数据与工程质量、安全等结合，可以防范各阶段风险，减少成本，提高施工现场的生产效率、管理效率和决策能力。让数据成为资产，不仅可以引领建工企业间大数据融合，引领产业链大数据融合，还可以引领上下级监管单位大数据融合以及整个行业的大数据融合。

---

① 新华社：《2018 年全国网络安全和信息化工作会议》，2018 年 4 月 21 日，http：//www. gov. cn/xinwen/2018－04/21/content_ 5284783. htm。

B.11
面向智慧司尔特的农业大数据应用系统

刘艳清　叶剑鸣　印金汝[*]

摘　要： 目前国内大部分农业生产地区还采用传统种植方式，缺乏对先进科技手段的应用，导致产品质量不高、经济效益低下。针对上述现状，为响应国家发展智慧农业的号召、实现农业生产现代化与科学化，安徽省司尔特肥业股份有限公司（简称司尔特）致力于打造大数据下的智慧农业。本文通过分析农业大数据建设的需求，设计了具有开放性的司尔特农业大数据平台，并重点介绍了其中"二维码上学种田"和"季前早知道"两个子系统。"二维码上学种田"农业生产技术智慧服务平台依托现有司尔特营销网络，整合土肥植保农技推广等基层服务机构的优势资源，利用多种信息化设备，实现了农业一体化管理；"季前早知道"则是一个用于指导农民科学施肥的大数据综合应用平台，可帮助农民有效避免因土壤过度施肥导致的危害并实现收成的最大化，从而提高农民的抗风险能力。

关键词： 智慧农业　大数据技术　综合应用

---

* 刘艳清，安徽省司尔特肥业股份有限公司首席信息官，高级工程师，合肥工业大学博士研究生（在读），中国电子学会青年科学家俱乐部成员；叶剑鸣，合肥飙歌数据科技有限公司董事长，长期从事企业信息化、大数据规划的研究与咨询工作；印金汝，合肥飙歌数据科技有限公司总经理，长期从事大数据系统规划与研发以及农业、公安、银行等多行业应用软件的开发工作。

一 我国农业发展的现状

中国是传统农业大国，耕地面积广，农业人口多，有着悠久的农耕文明。但传统农业生产受天气和环境影响较大，加之近些年为提高产量加大对化肥的推广和应用，使得各项不科学的农耕方式在增加种植成本的同时，加剧了对土壤和环境的破坏；同时由于一些农民市场信息闭塞，对市场行情缺乏足够的了解，在种植上盲目跟风和逆向种植的现象十分突出。下面从管理、生产、市场三个方面分析介绍我国农业发展的现状。

（一）农业管理现状

目前我国农业管理面临以下困难。

（1）数据来源困难。无法及时有效全面地采集农业生产相关要素的基础数据（土壤、空气、温度、湿度、光照、产量等），因此无法针对具体情况进行分析，对农业生产缺乏科学指导。

（2）信息普及困难。农业局信息网站发布的相关信息无法及时有效地传达给相关农业参与人员，政府无法针对具体情况进行及时精准的信息告知。

（3）监管追溯困难。难以准确地监管追溯农资、农产品的质量，经常出现安全等问题，由此引发农业产品质量安全问题。

（二）农业生产现状

目前国内大部分地区采用传统农业种植方式，利用先进的科技手段进行农业生产的占比非常低，而传统农业种植模式的缺点是产品质量不高、经济效益低下。目前我国农业生产面临以下问题。

（1）盲目使用化肥农药。在农业生产过程中，农民对农药、化肥的使用存在很大的盲目性，用高耗能换取高产量的"石油农业"生产方式导致大量的土壤被破坏、水源污染、生物遗传的多样性降低。

（2）灾害抵御能力不强。由于大多采用传统农业种植方式，在面对自然灾害、突发瘟疫时农户无法事先进行科学预防、对症下药，农业生产"靠天吃饭"的现象普遍存在。

（3）农民生产的积极性不高。以市场经济为导向的农业生产的特点是，农作物投入随意性很强，因而农产品价格波动较大，对此农民普遍难以把握，加上种植周期长、自然灾害频变、劳动力缺乏等原因，农民生产的积极性不高。

（三）农业市场现状

目前我国农业市场面临三个方面的问题。

（1）缺乏市场分析。缺乏对农业相关产品市场供需数据的分析，无法引导农民调整农业生产，容易导致农产品供需矛盾突出。

（2）销售渠道单一。农产品的销量模式大部分是农民—中间商—市场，销售渠道单一导致农产品销售困难。

（3）竞争力较弱。大部分农业生产主体分散、规模小，大宗农产品生产经营成本高，农民品牌意识淡薄，农产品市场竞争力较弱。

二 智慧农业大数据平台建设需求与作用

不难看出，科学农耕、智慧农耕对于中国这样一个农业大国尤为重要。随着《中国制造2025》倡导和大力推进"互联网＋"现代农业，《中华人民共和国国民经济和社会发展第十三个五年规划纲要》提出"推进农业标准化和信息化"，健全农业从质量到服务的一体化体系，对农业大数据的研究和应用引起社会各界的广泛关注①。通过大数据、传感器、物联网、云计算等先进技术的应用来改变传统的手工劳作方式和粗放式的生产模式，使传统农业迈向集约化、精准化、数据化和智能化②。

---

① 汪燕、吴凤阳：《"互联网＋精准农业"模式创新发展策略研究——以安徽省为例》，《现代商贸工业》2019年第4期；孙忠富、杜克明、郑飞翔等：《大数据在智慧农业中研究与应用展望》，《中国农业科技导报》2013年第11期。
② 谢润梅：《农业大数据的获取与利用》，《安徽农业科学》2015年第11期。

农业大数据涉及耕地、育种、播种、施肥、植保、收获、储运、农产品加工、销售等各环节，目标是实现对作物种植、培育和销售等各环节的管理。农业大数据应用方案是利用卫星、无人机等多种手段采集作物的数据信息，并将数据上传至大数据平台，通过大数据分析为经营者的管理决策提供依据。

从农业生产环节来看，农业大数据可以提供最优化的栽种管理决策，协助农户有效管理农田，帮助农户降低生产成本、获得更高的价值；从农业市场需求来看，农业大数据可以用于指导农事生产、预测农产品市场需求、辅助农业决策，以达到规避风险、增产增收、管理透明等预期目标；从农业整体走向来看，农业大数据可以分析农作物当前的长势，获得地块信息，预测环境变化趋势、作物产量收成等，为农户提供精确种植建议及营销管理指导①。

三　司尔特农业数据库建设

安徽省司尔特肥业股份有限公司（简称司尔特）总部位于安徽省宁国市经济技术开发区，专业从事各类磷复肥、缓控释肥料、专用测土配方肥、生态肥料、有无机肥料及新型肥料研发工作，是一家融生产与销售为一体的现代化高科技上市公司。司尔特拥有安徽宁国、宣州、亳州及贵州开阳四大化肥生产基地与宣州马尾山硫铁矿山、贵州开阳磷矿山，同时也是中国化肥行业综合实力百强企业和农业农村部测土配方施肥定点生产企业。司尔特多年来积累了不少土壤数据，但缺乏其他系统（特别是数据管理和分析的系统）支撑整个业务管理和服务。随着"农业＋大数据"的兴起，司尔特意识到改变生产经营模式的重要性。近几年，司尔特持续加大对农业大数据的研发投入力度，并与合肥赑歌数据科技有限公司（简称赑歌数据）开展深度合作，赑歌数据承接司尔特的信息化规划任务，设计并提出符合当下时代

---

① 何山、孙媛媛、沈掌泉等：《大数据时代精准施肥模式实现路径及其技术和方法研究展望》，《植物营养与肥料学报》2017 年第 11 期。

发展的运营方案，加快向智慧司尔特迈进的步伐。

为了解决农业种植中遇到的种种问题，因地制宜地推荐更适宜种植的方案，以及增加政策调整时的应对能力，司尔特与中国农业大学联合成立全国首家测土配方施肥研究基地——"中国农业大学—司尔特测土配方施肥研究基地"①，由飙歌数据开展技术研究与分析并进行农业大数据平台的研发。通过对数据资产进行深度挖掘，大数据可以产生更大的商业价值，进而推动资产所有者整体价值提升。事实上，大数据对肥料产品的研发和生产提出了更精准的要求，也提供了实现创新升级的可能。经过多年的数据积累与更新，司尔特数据库已收集土壤养分、气候、会员单位信息、种植结构等大量数据，随着这些数据的不断完善与更新，司尔特数据库将维持历史数据和实时数据的大规模状态，为进一步深度挖掘和应用数据提供强有力的支撑。依托研究基地整理积累的全国土壤、种植结构、土地流转、气候、作物生长知识库等农业生产相关海量数据，司尔特先后建立了"土壤养分""土地流转""种植结构""农技专家""农业气候"五大数据库。基于五大数据库的大数据分析和挖掘技术，结合全国种田大户信息、市场价格信息等支撑数据库，通过搭建一体化的农资信息服务云，充分利用云计算的可扩展性、互操作性、虚拟化、经济性和个性化五大特点，收集农业大数据，实现安全、完整、开放、个性化的农资信息服务和个性化定制功能。

在数据库的支撑下，司尔特除了要引领测土配方施肥发展外，还将目光放在为农民提供个性化方案服务上，以实现由生产、销售到"产品＋服务"的全方位覆盖。

智慧司尔特体现出来的"农业＋大数据"模式，作为推进农业供给侧结构性改革的重点，重新定义了农业生态，正推动传统农业向数据农业、智慧农业迈进。

---

① 高林、杨杰：《测土配方施肥原理、方法及问题》，《现代农业》2017年第3期；郭宏伟、张勇、石晓敏等：《信息技术在土壤肥料工作中的应用》，《农业工程技术》2018年第5期；汪珺、陈乃祥：《测土配方施肥技术应用现状与展望》，《农业开发与装备》2018年第10期。

四　司尔特农业大数据平台概述

（一）平台总体概述

司尔特联合中国科学技术大学和合肥飚歌数据科技有限公司共同开展了"基于大数据分析技术的传统制造型企业互联网＋创新发展模式研究"项目的研究。此项目由司尔特发起，依托中国农业大学——司尔特测土配方施肥研究基地的全国土壤、种植结构、土地流转、气候、作物生长知识库等农业生产相关海量数据，由飚歌数据做技术支撑，利用数据分析和挖掘技术，建设用于指导农民科学施肥的大数据综合应用平台。该平台拟实现以下目标。一是实现农业生产资料制造企业精细化市场服务，辅助农户实现精准农业生产。二是创新营销模式，建设司尔特 O2O 农资电商交易平台①，在司尔特测土配肥产品的基础上，引入多品类、多品牌的农资产品，汇聚产品、门店、客户和物流等信息，实现农资产品线上交易。三是结合平台大数据，为用户（农户）提供农业生产一体化解决方案。四是建立融供应、生产和销售于一体的产品生产网络协同制造平台，优化排产，在满足用户配方肥个性化需求的同时，实现个性需求产品规模化生产，降低生产成本，最大限度地降低产品库存，提升企业内部抵御市场风险的能力。五是通过该项目的实施，积极探索互联网环境下传统制造企业生产服务转型升级的新模式。

在此项目开展之前，司尔特已经委托飚歌数据完成了平台"季前早知道"的研发。"季前早知道"是司尔特主打的一个致力于通过寻找因土壤过度施肥导致的危害和产量、收成的平衡点来提高种粮大户抗风险能力的系统。该系统可以根据种植区域、种植作物为农户提供种植指导，预测来年种植趋势和分析收成盈利结果，为农户有效规避种植风险。

---

① O2O 即 Online To Offline，是指将线下的商务机会与互联网结合，让互联网成为线下交易的平台。

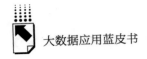

（二）平台功能

司尔特农业大数据平台基于五大数据库并充分利用大数据分析和挖掘技术，建设用于指导农民科学施肥的大数据综合应用平台。在为全国农户免费提供农技服务的同时，平台收集、汇总、清洗历史数据，反哺五大数据库，形成具有前瞻性的农产品价格体系和更精准的定制化分析预测系统。司尔特个性化定制大数据分析业务逻辑如图1所示。

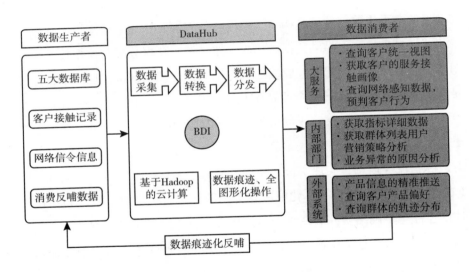

图1 个性化定制大数据分析业务逻辑

（三）五大数据库介绍

司尔特农业大数据平台数据库的建设已经完成。五大数据库中涵盖了全国多个省、市、县的数据。其中，土壤养分数据库已有土壤养分数据18万条，土地流转数据库已有土地流转基本情况数据4万条，种植结构数据库已有种植结构情况数据10万条，农技专家数据库已有农技专家数据1万条，农业气候数据库已有各地气候情况数据200万条。

（四）平台架构

平台设计的目标是支持海量数据并行存储、抽象访问，最终实现统一管理，提高大规模数据存储管理的可靠性、易维护性和可扩展性，最终确保各平台的数据敏捷性。此外，针对 GPU 用于科学计算技术的成熟，将 GPU 集群与计算机集群相结合，可以加速计算密集型的数据。系统平台架构如图 2 所示。

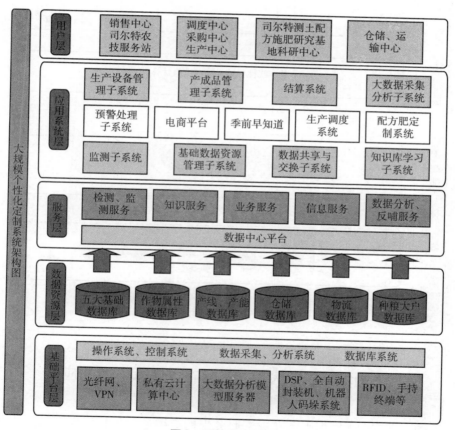

图 2　系统平台架构

平台通过对土壤、种植结构等不同类别的海量数据进行分布式存储与统一管理，结合新型的分布式智能计算和大数据挖掘方法，实现对高维数据、

复杂模型的智能化分割和处理，提高计算机集群对大规模、高维数据的分布式处理能力。平台大数据架构如图 3 所示，平台数据汇集与分发的协作关系如图 4 所示。

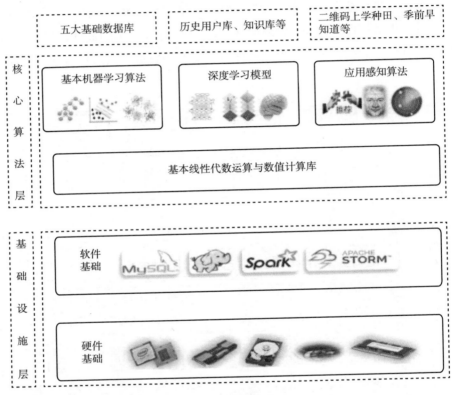

图 3   平台大数据架构

五   司尔特农业大数据平台在农资服务上的应用

司尔特农业大数据平台在农资服务上的应用是司尔特以农资信息为载体，以农资信息资源整合为基础，在国内率先构建的较为完善的农资信息服务云。平台用户可以通过平板电脑、智能手机等各种终端访问云端，而云端则会根据用户实际需求提供全方位、多样性、个性化、互动式的信息服务。

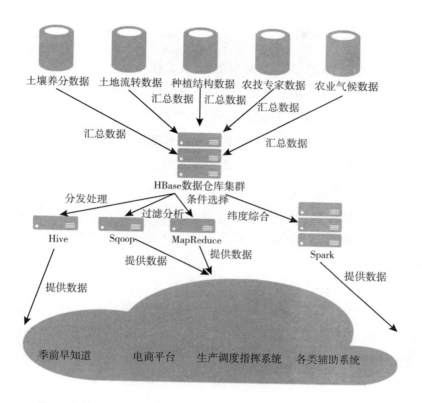

图4 个性化产品、五大基础数据库与各应用平台数据的协作关系

同时将测土配方施肥技术与信息化技术相结合，充分利用和整合测土配方施肥的大数据资源，结合农业生产实际，以土壤养分丰缺指标法和养分平衡法分别构建区域配方施肥模型和精准施肥模型，并利用互联网手段为广大农民提供远程测土配方施肥决策支持，最大限度地解决因过度施肥对土壤和水体等环境造成破坏的问题。

由飏歌数据为司尔特定制开发的上述农业生产技术智慧服务平台被命名为"二维码上学种田"。目前，该平台已将服务对象从原来的种植大户、专业合作社、家庭农场，扩展到包括国家、省、市、县四级菜篮子工程以及特色种植和以农为主的合作社形式存在的各地农业龙头企业。"二维码上学种田"的主要功能如下。

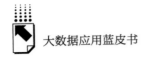
（一）普及农技知识

随着智能手机和移动互联网应用的普及，具有社交属性的微信应用已经在种植户中传播开来。平台开发了微信公众号及相应服务的微站。用户可以随时随地通过微信公众号平台浏览相关农技知识。用户在手机登录注册后，提交种植作物类别等信息，可以获得专项信息推送等个性化定制服务。

通过大数据采集分析，结合每篇农技知识文章标签，平台对用户浏览信息、浏览量等数据进行统计和分析，对用户个人浏览内容和习惯加以定位，实现智能化内容推送。同时按用户身份、地区等类别分别进行大数据归纳，反馈用户喜好的知识内容和表现形式，进一步提高用户满意度和服务质量。本板块主要功能如下。

（1）"刘教授科学种田"语音咨询平台。"每天三分钟，二维码上学种田"，本项功能通过每天录制3分钟左右的农技小知识语音播报，用简单有效的方式向用户宣传实用有效的农技知识。每篇播报都提供配套的图文资料，满足用户不同的浏览习惯。注册用户使用时，系统根据用户的地区和种植结构等信息，智能个性化推送咨询内容（见图5）。用户也可根据自身需要定制订阅内容。

（2）《常见作物套餐施肥手册》。司尔特编写的《常见作物套餐施肥手册》涵盖10大类，涉及作物达到160种。该手册系统地将公司现有配方与套餐施肥相结合，有针对性地为种植户提供配套功能突出、质量可靠、性价比高的专业产品组合，也为销售人员提供切实有用、易于上手的农化学习手册。在移动端提供数字版浏览功能，方便用户随时随地查看。

（3）科学施肥影片。通过视频和文字，向用户教授常见经济作物和粮食作物的特性和施肥方法等知识。将作物的形态特征、生长习性、栽培技术等相关信息详细准确地展现给用户（见图6）。

（二）测土服务

土壤信息收集处理和测土服务是司尔特农业大数据平台的一大特色

刘教授科学种田

 司尔特股份

水稻的好搭档——司尔特（腐植酸型）氨基复合肥料
原创:司尔特股份

棉花烂桃怎么办，教你五招巧防治
原创:司尔特股份

韭菜生长全过程的施肥技术小宝典
原创:司尔特股份

板栗嫁接的注意事项
原创:司尔特股份

良种良法相配套，大豆高产五要点
原创:司尔特股份

图 5　"刘教授科学种田"语音咨询平台

司尔特科学施肥系列影片

经济作物　粮食作物

科学施肥系列影片——西瓜

科学施肥系列影片——草莓

科学施肥系列影片——番茄

科学施肥系列影片——黄瓜

图 6　科学施肥影片

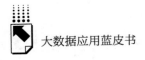
（见图7）。测土配方施肥研究充分体现了司尔特对农业数据的综合应用。板块主要功能如下。

图7 测土服务报告

（1）辅助实现精准农业生产。建立基于土壤养分等五大数据库的大数据综合应用平台，辅助实现精准农业生产。依托测土配方研究基地积累的大数据，建立各地土壤养分数据库、土地流转数据库、种植结构数据库、农技专家数据库和农业气候数据库五大数据库；利用数据分析和挖掘技术，充分挖掘数据价值，服务市场，对用户的个性化需求特征进行挖掘和分析，满足客户配方肥个性化需求，为客户提供定制生产服务，实现农业生产资料制造企业精细化服务市场的目标，辅助政府实现精准农业生产。

（2）提升抵御市场风险的能力。建立测土配方肥产需预测分析平台，提升企业抵御市场风险的能力。基于测土配方研究基地土壤研究数据、电商平台用户数据和销售数据等建立测土配方肥产需预测分析平台，探索测土配方施肥个性化定制生产新模式，并根据测土配方肥有效市场需求科学制订生产排产计划，最大限度地降低产品库存。

（3）测土服务实际应用。司尔特为用户提供测土服务，通过地理信息相关技术自动确定用户所在地区，简化用户提交测土申请时的操作流程，实现一键申请。在申请通过并实地采样测量后，用户可以在测土服务模块中随时查看所申请的测土报告。在这一过程中，研究基地的全国土壤大数据也不断得到完善。

六　司尔特农业大数据平台在决策上的应用

赑歌数据为司尔特打造的"季前早知道"大数据预测系统，是根据土壤研究所精确测量的全国土壤基础数据和数据挖掘模型而建立的系统。司尔特基于土壤研究所的分析成果建立了全国土壤养分数据库、农作物微量元素数据库、施肥建议数据库；利用互联网数据采集、分析技术建立了全国天气数据库、地区农作物价格数据库；利用数据挖掘建模技术，建立了可以预测来年种植趋势和分析收成盈利结果的系统。季前早知道大数据预测系统在决策上主要实现了"区块信息展示"和"种植预测及种植方案推荐"两大功能。

（一）区块信息展示

系统综合平台五大基础数据库及支撑数据库提供不同行政级别下区块的综合气候信息、种植结构信息、土壤养分信息、肥料相关信息等，翔实的农业相关数据可以帮助管理者在做决策前了解当地环境和种植情况，因地制宜地制定初步方案。

基于"季前早知道"系统矢量地图区块图，司尔特自主研发了全国矢量地图区块数据库，建立了全国地图区块数据库，以地图形式进行导航，直观易用。用户点击地图上相应的行政规划区块即可获得基于全国地图区块数据库、气候数据库、主要经济作物种植数据库等相关数据库信息，提取相应省/市/县级信息，数据库用主要农作物图片直观地展现所选行政地区的种植结构。系统通过数据表格清晰地展现出使用传统肥与司尔特配方肥的作物产

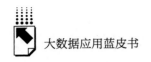

量差异，并从环境保护的角度给出施肥建议，为种田大户如何在传统肥和司尔特配方肥之间进行选择提供科学依据。

（二）种植预测及种植方案推荐

用户在终端设备上访问"季前早知道"大数据预测平台，选择相应区域和种植作物，在调取总部数据的同时调取大数据预测模型加以科学运算，屏幕立即显示当地土壤信息和司尔特为相应作物配置的测土配方施肥信息，并计算出在科学施肥的前提下相应作物的收成，快速生成产品定制一体化解决方案，实现收成"季前早知道"。这也是司尔特个性化定制大数据分析业务的核心模块。

"季前早知道"系统在五大基础数据库和个性化产品的基础上，利用司尔特营销网络掌握的全国8万家种田大户数据库，可以知晓农户的施肥需求量，同时通过建立司尔特个性化产品数据库以及电商平台、市场信息收集平台、政策嗅探平台、舆情监测平台等建立农产品相关信息库，在确保环境安全的前提下，不仅可以根据土壤、气候等种植影响因素为种植户推荐合适的种植结构和施肥方案，而且会综合考虑肥料价格、政策优惠、市场价格等经济因素，智能规划方案，进一步降低种植成本，提高种田户的收益。在大范围地调整种植结构时系统也具有较强的应对能力，可较好地避免因盲目种植而导致经济损失等情况，给出的科学施肥建议则能够最大限度地预防过度施肥对土壤和水体等环境的破坏。

用户在系统上选择地区和待预测的农作物后，输入种植面积即可获取预测报告，系统以表格、关键性文字直观地展现出该经济作物的预测结果，辅助农民朋友开展农业生产。

随着移动互联网的发展和普及，"季前早知道"大数据预测平台还建立了移动端，用户通过司尔特微信公众号即可注册访问。用户在选择地区和农作物，并输入预测面积后，点击底部按钮即可获取所选地区和农作物的预测收成报告。报告中展示了传统肥料与司尔特肥料产量等预测数据的对比，还包含施肥建议、农作物信息等相关资料（见图8）。

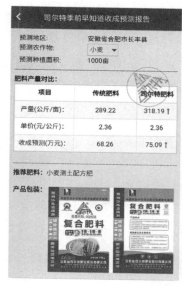

图8 "季前早知道"移动端预测报告

您预测的小麦施肥建议如下
产量水平:350公斤/亩~450公斤/亩

基肥: 施用配方肥（18-12-15）28公斤/亩~33公斤/亩；
追肥: 施用尿素9公斤/亩~12公斤/亩。

小麦种植注意事项:

小麦生长过程中需要注意补充微量元素，在缺硫地区可施硫磺适量；在缺锌或缺锰地区可以基施硫酸锌或硫酸锰1公斤/亩~2公斤/亩，缺硼地区可酌情减少基施硼砂0.5公斤/亩~1公斤/亩。结合"一喷三防"，在小麦灌浆期喷施微量元肥或用磷酸二氢钾150~200克加0.5~1公斤的尿素兑水50公斤进行叶面喷洒。若基肥施用了有机肥，可酌情减少化肥用量。

系统还具有对地区预测信息进行统计和分类的功能。用户选择省份，平台将显示该省各地市预测报告数的饼状图，点击饼状图中的数据，用户可以进一步看到详细信息（见图9）。

七 司尔特农业大数据平台在数据采集上的应用

司尔特从1997年建厂至今，积累了大量的肥料生产、研发经验。在推行测土配方施肥的过程中，司尔特收集了大量土壤、气象等农业种植方面的数据，同时掌握了全国8万家种田大户数据，这些数据成为农业大数据平台的基础。而土地流转情况、政策以及市场价格等一直在变化，如果没有更新和补充数据的渠道，基于过期数据的大数据推荐和预测结果就没有实际意义。为了解决这一问题，公司在加强市场数据更新的同时，通过对农资服务平台等其他个性化产品服务加入数据捕捉功能，增加数据更新和获取的渠道。

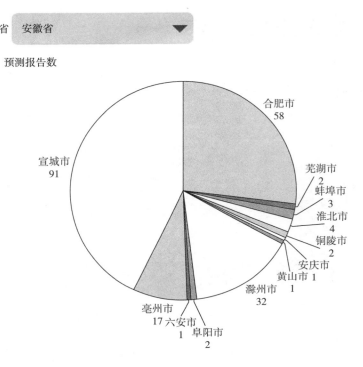

省　安徽省　▼

预测报告数

合肥市
58

芜湖市
2

蚌埠市
3

淮北市
4

铜陵市
2

安庆市
1

黄山市
1

滁州市
32

阜阳市
2

六安市
1

亳州市
17

宣城市
91

图9　"季前早知道"统计报告

（一）用户方向

用户在使用司尔特会员服务平台时，注册账户时需要填入种植结构信息以及土地流转信息。经当地一线销售人员确认后，相应的种植结构信息和土地流转信息便会正式录入大数据平台五大基础数据库中的"种植结构"和"土地流转"数据库中。

在日常使用中，用户通过使用某些功能还会提交种植相关的其他数据，平台通过大数据相关技术对数据进行清洗处理后，将其存储到相应的数据库中。

（二）销售人员方向

面向销售人员的"司尔特之家"软件系统，可以用于销售人员处理用户提交的测土、基地参观预约等申请；同时还具有新农产品、农产品价位变化提交、市场调研提交和审核等功能。通过这些技术手段的运用，可完善农产品收益相关的各种数据，为大数据预测系统提供更实时、更全面的参考数据，使预测系统不断地迭代优化。

八　司尔特农业大数据的示范作用

第一，通过全方位收集用户需求，建设现代化、集约化的干线物流及多维度支付体系，司尔特打造了覆盖全国经销商、种田大户、专业合作社的电子商务云平台，最终实现了公司原材料采购、实体产品销售电子商务化。与此同时还组建了一支囊括线上产品运维、设计及线下宣传推广、农资产品商洽的运营团队，确保电商服务平台和产品生产网络协同制造平台的稳定、高效运行。

第二，公司与各级农业土肥、植保、农技推广等单位紧密合作，本着"增产施肥、经济施肥和环保施肥"相统一的理念，以农资电商服务平台为载体，进一步推动测土配方施肥。将产品全方位覆盖到销售区域内广大农村，为农民提供"测配产供施"一条龙的农化服务，减少假冒伪劣产品。利用"季前早知道"平台，为种粮大户和农民提供最优施肥建议，在保证收成的情况下，最大限度地避免过度施肥对土壤及水体的破坏，提高农户的投入产出比，同时提升农产品品质，实现从生产到服务再到社会责任的转变。

第三，司尔特农业大数据项目实施遵循"先行先试、逐步推进"的原则，在安徽、江西、河南、山东、江苏等条件具备的省份先行先试，逐步积累经验。项目成熟后，以点带面，层层推进，逐步推广O2O农资电商模式，不断完善线上电商平台和"季前早知道"，在全国范围内有针对性地发展村级的线下服务站，领跑全国农资电商市场。同时，打造农资电子商务新型业态，推进公司与政府部门、农技专家的合作，通过推广农技知识，将司尔特、经销商和农户更紧密地结合在一起，帮助经销商与农户做大做强，助力农资生产制造企业形成专业化、个性化、标准化和规模化"四化一体"的

生产制造服务新模式。

第四，联合中国科学技术大学大数据分析实验室和语义计算与数据挖掘实验室以及合肥觞歌数据科技有限公司共同开展"基于大数据分析技术的传统制造型企业互联网＋创新发展新模式研究"项目的研究。通过建立司尔特农资产品的电子商务服务平台和融采购、生产和销售于一体的产品生产网络协同制造平台，司尔特有效地整合了供应链上下游生产资源，提高了农资质量和销售、服务水平，减少了中间流通环节，实现了信息及资源的共享，形成具有建设指导意义的规范化管理模式，对未来我国现代农业的发展起到重要的加速作用，也为环境保护承担起了一定的社会责任。

第五，司尔特农业大数据平台项目构建的以 O2O 模式为核心的农资电商交易平台，有利于解决目前我国农资行业面临的信息壁垒、假冒农资、销售渠道长且成本高、专业化服务弱且与线上平台脱节等诸多问题，在全国范围内助推我国农业产业化的升级和发展，顺应我国土地流转规模经营的发展趋势。

九 司尔特农业大数据平台未来发展方向

未来，司尔特农业大数据平台将与觞歌数据进一步在农业大数据方面深度融合，适应下游需求变化，促进转型发展。

第一，当前消费结构升级的要求越来越高、产业融合的程度越来越深，平台将会加强与农业相关平台联动，逐步增加其他边缘数据的接入，如物流运输、劳动力流动等信息，进一步完善农业大数据预测全周期影响因素。服务对象从种植户向政府拓展，为政府指导种植产业决策起到辅助作用，最大限度地避免因跟风种植和逆向种植等导致的损失。

第二，加强与农业研究相关机构的合作，丰富平台农技知识库，在为种植户提供更科学、更实时的农技信息的同时，也为农业研究提供必要的基础数据。首先就是建立病虫害数据库，在"季前早知道"预测报告中，提供地区相应作物的病虫害防治信息。然后在一定周期的数据积累和相关理论指导下，通过大数据技术建立病虫害预测系统。

第三，进一步利用农调情况，预判当地农业种植需求，数据反哺用于企业生产管理，辅助企业决策，合理安排矿场开采和其他生产原料采购计划、化肥生产计划，减少环境污染，响应农业节肥节药行动，实现化肥农药使用量负增长。

B.12
大数据引领智能金融：以索信达为例

张舵　邵平*

摘　要：　在激烈的市场竞争环境下，银行业在积极地寻求转型升级，银行业的智能金融 3.0 时代已经到来。深圳索信达数据技术有限公司深耕金融行业 14 年，专注于为银行业提供基于大数据的精准营销、反欺诈及商业智能服务一体化解决方案，通过对数据的整合、挖掘与精准预测，帮助企业提升效率、降低风险，创造更大的商业价值。

关键词：　大数据　智能金融　数据挖掘　风险管理

一　银行业的需求与现状

随着大数据及人工智能的蓬勃发展，银行业在这场科技的浪潮中积极寻求转型升级。金融科技在满足银行业需求方面，带来的是全面的运营效率及客户体验的提升。客户通过手机银行、网上银行可以方便地进行交易、咨询，其良好的人机交互界面也给客户带来了优于营业网点的体验。智能客服更是大大降低了银行的人工成本；智能投顾通过 AI 技术，实现了为每一个客户提供专业的个人投资顾问服务。借助于自动化的实现，2017 年，中国

---

* 张舵，密歇根理工大学统计学博士，深圳索信达数据有限公司金融 AI 实验室高级数据挖掘研究员；邵平，暨南大学统计学硕士，深圳索信达数据有限公司技术总监，金融 AI 实验室负责人。

工商银行、中国农业银行、中国银行、中国建设银行、交通银行五大银行累计减少员工2.7万人，行业平均离柜率87.58%，实现了降本提效的目标。

在风险控制方面，智能风控利用机器学习原理通过模型来检测潜在的风险点，实现了快速、高效的风险管理。中国银监会2017年第四季度公布的数据显示，中国商业银行的不良贷款余额约为1.71万亿元，不良率为1.74%①，而业内普遍认为坏账率在5%～10%。对于所有金融机构而言，风控都是其核心和刚需。近年来，随着普惠金融的发展及互联网信贷产品的涌现，信贷业务朝着简捷、方便的大方向发展，同时带来了更加及时和准确的风控需求。大数据风控结合多方面的风险识别和模型，通过贷款人的生物体征识别、地理位置判断、模型信用评分等，对高风险的申请人自动拒绝，对可疑交易主动预警，对贷后状况进行跟踪和预判，及时止损，全方位地在贷前、贷中和贷后进行风险管控。

当前，在宏观经济增速放缓的大环境下，银行的盈利模式面临着巨大的挑战。中国银保监会官网数据显示，2018年，商业银行净利润为1.83万亿元，较2017年同期增长4.57%，但增速下降1.49个百分点，2017年商业银行净利润为1.75万亿元，同比增长0.1万亿元，增速仅有6.06%，与2011年的36.34%相比，增长动力显著不足（见图1）。银行在产品研发及新业务扩展方面亦有紧迫的需求，而基于大数据及人工智能营销方案，通过挖掘银行海量的客户数据，找到客户的痛点及需求，实现点对点的精准营销，可以助力银行实现业务增长②。

二 索信达——助力金融科技

深圳索信达数据技术有限公司（简称索信达）为金融行业提供基于

---

① 《银监会：2017年末商业银行不良贷款余额1.71万亿元》，中国网财经，http：//finance.china.com.cn/news/20180209/4541011.shtml。
② 李欣、薄纯敏、由天宇：《2019开放银行与金融科技发展研究报告》，2019年7月，亿欧智库，http：//www.iyiou.com/intelligence。

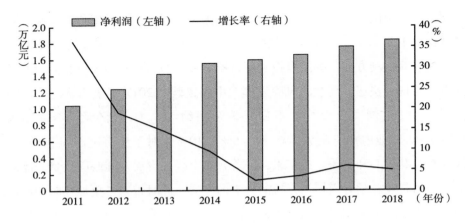

图1 2011～2018年商业银行净利润及增速

大数据的解决方案及技术服务，涉及领域包括精准营销、信贷风控、信息科技维护等。索信达在自主开发的基础上，通过对客户内部和外部数据的采集、存储、挖掘、分析，满足客户在大数据背景下深度洞察、探索用户的业务需求，利用实时在线的营销及风险控制平台提高交易效率，降低交易风险，为金融行业应对互联网趋势的转型提供强大的技术及服务支持。

索信达服务于各行各业的企业客户有100多家，是SAS及Teradata天睿公司在华南地区最大的咨询与落地实施合作伙伴。索信达已吸引多家高素质且多元化的客户，其中包括世界领先企业以及中国蓝筹银行及金融机构。索信达在中国信息科技行业积累了丰富的经验，这是带动业务成功的关键。索信达的核心研发人员主要包括数据分析、统计科学、软件工程、计算机科学等相关专业领域的人才。索信达的核心技术主要有机器学习、自然语言处理、知识图谱、分布式运算、动态负载均衡及流计算等大数据及人工智能相关技术。

索信达解决方案套件是指在客户提出需求后，索信达的业务专家团队首先制定相应业务目标并且进行需求分析，然后分析团队进行完整数据采集和数据分析，挖掘数据价值，得出分析成果（见图2）。索信达在与客户积极沟通的过程中深入了解业务目标，做到技术服务业务，最终提交给客户一个专业的、满意的解决方案。

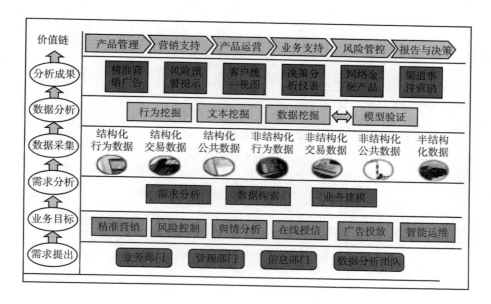

图2 索信达解决方案套件

三 智能风控——防范风险，降本提效

风险控制是金融行业业务工作的核心。索信达有一套完整的反欺诈系统逻辑构架（见图3），以帮助客户进行欺诈风险管控，通过整合数据源，包含个人信息、订单信息、征信数据、产品信息、交易信息、其他数据等，在数据清洗与预处理后，输入大数据平台进行分析和计算。大数据平台对多维度的数据进行分类、建模，建立一个完整的风险评价系统，及时预警潜在的欺诈风险。

索信达反欺诈系统主要用于申请反欺诈及交易反欺诈。由于单一的解决方案难以覆盖多样性的欺诈风险，索信达采用了多种欺诈识别技术，包括业

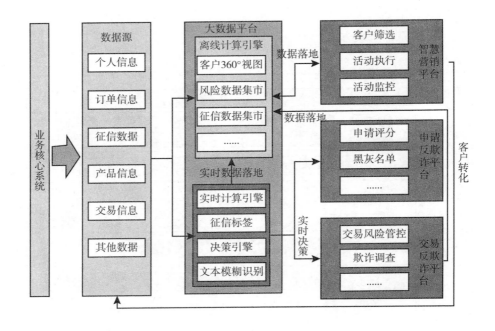

图3　索信达反欺诈系统逻辑构架

务规则检测、异常行为侦测、欺诈评分预测模型以及社交网络分析，多角度、全方位地防范欺诈风险。

（一）业务规则检测

业务规则包括三个模块：黑名单规则、逻辑检查及征信信息比对（见表1）。当有信用卡、贷款申请等进件时，反欺诈系统会自动检索进件客户是否触犯黑名单规则，触犯规则的会被直接拒绝并被记入黑名单。通过黑名单规则后系统会进行逻辑检查，若出现逻辑错误（例如年龄为18岁工作年限却长达10年）则会被列为风险项，得到较高风险评分。最后采用征信信息比对，若客户资料与征信报告不一致，也会被贴上高风险标签。每条客户资料通过业务规则审查后系统均会对其打分，所有分数累加起来即为其风险评分，以判断客户是否存在欺诈行为。

表 1　反欺诈业务规则实例

BATCH1 – 黑名单规则		
规则类型	规则编号	规则描述
信息检查	R10001	申请人证件号码在本行内部专注库中
信息检查	R10002	附卡申请人证件号码在本行内部关注库中
信息检查	R10003	单位名称在本行关注库中
信息检查	R10004	申请人手机号码在关注库中
信息检查	R10005	申请人固定电话号码在关注库中
信息检查	R10006	附卡申请人手机号码在关注库中
信息检查	R10007	附卡申请人固定电话号码在关注库中
BATCH2 – 逻辑检查		
规则类型	规则编号	规则描述
信息检查	R40001	住宅电话与单位电话前六位是否一致（用 DataFlux 跑批测试，分析结果）
信息检查	R40002	年龄与受教育程度是否相符（低于一定年龄出现了高学历）
信息检查	R40003	年收入与工作年限是否相符（工作年限很短,但个人月收入很高）
BATCH3 – 征信信息比对		
规则类型	规则编号	规则描述
申请信息 vs 征信信息	R50001	单位名称与征信报告公积金中的单位名称不同（征信报告信息获取时间在 1 年内）
申请信息 vs 征信信息	R50002	单位住址不在征信报告中的单位住址名单中（征信报告信息获取时间在 1 年内）
申请信息 vs 征信信息	R50003	单位名称不在征信报告中的单位名称名单中（征信报告信息获取时间在 1 年内）
申请信息 vs 征信信息	R50004	家庭住址不在征信报告中的家庭住址名单中（征信报告信息获取时间在 1 年内）

（二）异常行为侦测

对于无欺诈标签的客户，索信达采取异常行为侦测来检视客户的当前行为，识别出异常点和异常交易。技术上采用单变量和多变量极值点的点侦测技术，如对照组比较、聚类、趋势分析等（见图 4）。在数据维度上，对于偏离总体数据较多的异常点，索信达标记为异常行为，即存在风险的客户。

在实际中，往往偏离整体过多的客户存在较高风险。例如，当数据维度为信用卡刷卡次数及时间时，若某客户在深夜有过百次刷卡行为，远远偏离大多数客群数据，即被认定为异常点，需要对其进行进一步的审查和判断，防止欺诈发生。

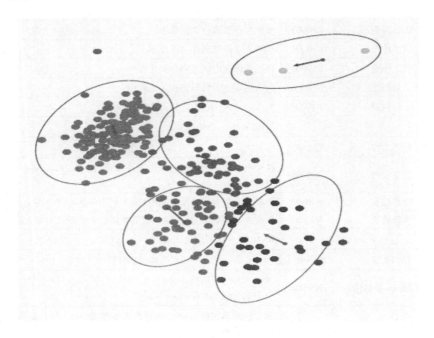

图4　聚类分析中的异常点

（三）欺诈评分预测模型

在实时交易场景中，例如银行转账、贷款发放等场景，索信达构建了基于神经网络的欺诈评分预测模型（见图5）。神经网络反欺诈模型在信用卡交易反欺诈中已经得到了很好的验证，可以有效地捕捉数据中的非线性、非可加性的数量关系，对复杂问题的建模比其他方法更加精确。

模型对用户的多维度行为数据，包括交易金额、交易时间、本次交易金额与上月平均金额比值等进行分析建模，自动判断是否存在交易欺诈行为，对欺诈交易概率进行计算并拦截或暂停可疑交易，阻止欺诈交易的发生。例如，某信用卡客户的地理信息位置在北京，却在深圳某 POS 机发生了信用卡消费行为，经过模型分析判断出存在信用卡盗刷情况，随即发出欺诈警告冻结信用卡，防止客户的损失进一步扩大。

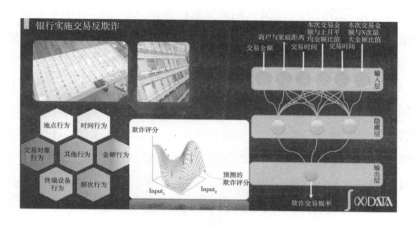

图5　神经网络反欺诈模型

（四）社交网络分析

社交网络分析在风险管理中的应用主要集中在两个方面。一个是金融白户的风险评级。金融白户，即未办理过任何金融机构的贷款或者信用卡，个人信息尚未被中国人民银行征信中心录入的新客户。这一类人没有自身数据，传统模型已失效。但"近朱者赤，近墨者黑"，在一个人的紧密朋友圈中，如果有些人借债不还，但并未受到应有惩罚，这种行为经常可以传递给其周边的人，同样好的行为也会传递。索信达相信，同一圈子里人的经济、生活状态往往趋于相近，信用等级也会趋同。对于金融白户，用其紧密朋友圈的数据填补其自身数据空白是个不错的选择。另外，根据一个人在某个子网络中的主被叫频次、比例等，可以计算出每个人在网络中的位置、影响力，进而得到其可以影响其他人的权重。最终，索信达用金融白户紧密联系人的加权信用等级来代表金融白户本人的信用等级。这个方法在实践中得到了很好的验证。

另一个是用于识别团伙欺诈。现在机构面临的欺诈很多是组织有序的团伙欺诈，他们一旦发现某些平台的风控漏洞，就会集中作案，在短时间内获取巨额利润。聚信立的蜜蜂报告已被数百家机构采用，并广泛应用到风控流程中，有些犯罪团伙在对放贷机构如何根据聚信立报告进行深入了解后，会伪装成大量符合机构审批条件（如稳定的账单、合理的联系人个数、通话时长等）的个体进行骗贷，从单个申请人来看，很难发现其欺诈性，但如果从整个网络来看，就会发现某些圈子里的人的开户时间、联系人个数、通话时间、通话频率等信息惊人地相似。类似的欺诈行为往往有相似的网络结构，比较容易判断这些号码是被一个团伙整体运作，因此索信达可以比较容易地通过计算特定网络内个体的同质性或高度一致性以及网络结构来识破团伙欺诈。

社交网络分析采用图分析和算法，穷尽所有隐藏关系建网，并进行网络切割，发现隐藏的团伙欺诈风险（只有进行网络切割，发掘高风险社团才能有效发现隐藏欺诈风险）。所有的客户信息均会进行模糊匹配，通过家庭住址、电话号码、单位名称等信息发现个体之间的关联（见表2）。在社交网络中，有关联的个体会被标记为一个团体（见图6），若团体中有欺诈现象发生或关键个体的风险评分很高，则整个团体存在欺诈风险。这在识别团体欺诈时十分有效。

表2　客户信息模糊匹配结果

属性	三方/内部信息（黑名单/灰名单）	相似度	申请人
姓名	李四	75%	李阿四
家庭地址	上海市浦东新区陆家嘴环路 1233 号汇亚大厦 15 楼	82%	上海陆家嘴环路汇亚大厦 15 楼
省份、城市、邮编	浙江、杭州、310001	100%	浙江、杭州、310001
身份证号	330313199708020210	81%	3303131997×××0210
账户 ID	0123456789	67%	12345××890
电话号码	+862161633061	90%	61633061
出生日期	08/02/1997	100%	1997 年 8 月 2 日
单位名称	赛仕软件北京有限公司	65%	赛仕软件

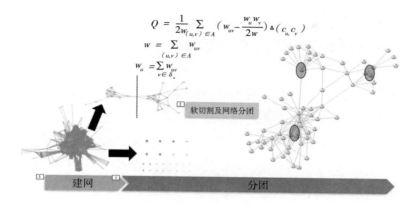

图6 社交网络分析

索信达从业务规则检测、异常行为侦测、欺诈评分预测模型以及社交网络分析四个方面来防范欺诈风险，在每一个欺诈检验环节客户均会得到风险评分，而对所有评分加权求和后，索信达会得出其风险综合评分（见图7）。根据评分范围，索信达可以构建客户评级体系，将客户依照风险等级依次分为A、B、C、D、E等，并以此来管理客户，以便金融行业实现自动化管理，大大提升效率、降低风险。

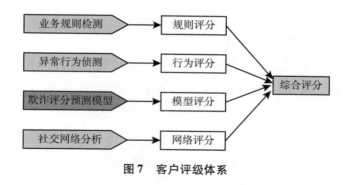

图7 客户评级体系

四 智能营销——挖掘价值，提升业绩

索信达帮助客户实现批量式数据营销活动的统一管理，构建完整的

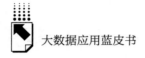

事件营销体系与方法，策划、执行、评估过程全流程支撑，实现闭环营销，精简营销成本，最小化对客户的打扰，并且优化客户体验，提升营销投产比。

图8是索信达的智慧营销管理平台架构。通过全渠道的数据集市，索信达对金融公司客户从多个角度进行了细分，采用标签化的管理有利于针对性的营销。索信达通过数据建模研究客户的生命周期，对流失客户进行预警，实现客户全生命周期的精细化、立体式、多维度的经营与管理，提升客户的整体价值。挖掘不同客户的潜在需求及研究产品潜在客群，实现了点对点的关联式销售和全渠道的整合营销。在营销的执行管理方面，索信达结合人工渠道及非人工渠道，实现了营销自动化。

（一）构建营销策略库

索信达以2018年某银行零售客户数据挖掘及数字化营销项目数据和平台为基础，通过数据挖掘及营销体系设计、咨询产出和应用搭建零售客户数字化营销体系。平台以客户生命周期为主线，以细分客群为载体，统计分析客户在银行的成长历程。

第一，针对客户，通过完善客户画像及标签，对客户进行评级和分群，并进行生命周期管理，挖掘潜在客户。

第二，针对产品，通过完善产品视图，梳理客户标签，形成产品梯队，支撑产品的智能推荐，在运营过程中，支撑产品组合，并通过数据模型对产品进行定价分析。

第三，针对渠道及触点，通过对客户经理SA渠道、手机银行渠道和服务热线渠道进行触点的挖掘和梳理，并通过数字化的营销策略支持客户经理业务销售和线上个性化精准营销。

将客户、产品、渠道及触点的特征进行数字化处理，通过营销模型整合三方特征，针对客户生命周期各阶段的特点，提出个性化的营销体系，并开展营销策略和模型支撑日常营销工作。营销策略库的框架体系见图9。

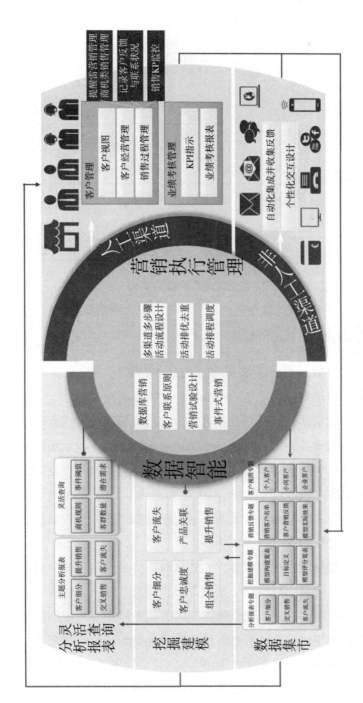

图 8 智慧营销管理平台架构

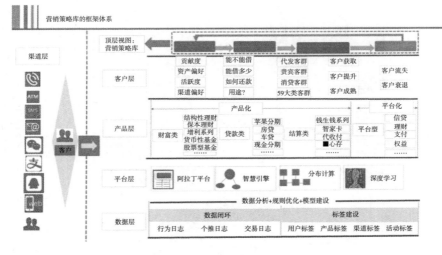

图9　营销策略库的框架体系

（二）获取新客户，扩大客户入口

获取零售客户是不断壮大零售客群的根本，如何在获取客户上不断创新，改变目前客户经理拉客渠道单一及客户关系私有化等现状，是银行业共同面对的挑战。索信达通过客户推荐客户以及批量获客的方式获取新客户。

客户基数→流量→黏性→变现是零售跨越式发展以及盈利护城河的必要路径，通过精准的营销引导客户进行存、贷、汇等业务交易，达到价值变现的业务目标是完全可能的。通过运用图论相关知识，构建客户、企业、产品、网点、设备等各个节点的关系网，通过图分析和图计算建立模型，挖掘客户与潜在客户之间的关联（见图10）。

第一，通过交易圈挖掘潜在客户。转账时通常会用短信通知对方，可获取潜在客户的联系方式，同时可获取对方银行信息、姓名，依靠文本挖掘技术根据姓名库判别客户性别，以金融顾问的方式与潜在客户取得联系，在营销信息中可依据性别向其灌输有针对性的金融理财知识，让客户产生信任。

第二，通过红包方式挖掘潜在客户。（1）采取京东发放京东豆一样的方式来获取潜在客户，可对微信已实名认证的客户发放一定额度的红包，领

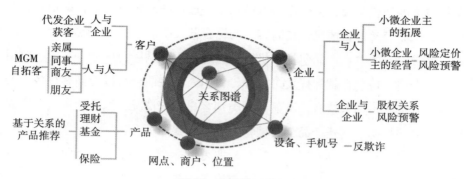

图10 客户关系图谱

取红包的前提条件是推荐相应人数的潜在客户，例如：跨分590个京东豆（等价5.9元人民币）需凑齐8个人，这样1个客户可以带动至少7个潜在客户。（2）红包推荐方式还可在商家合作方进行，例如购买商品的客户在快捷支付后有推荐潜在客户的红包提示。红包推荐模式在资产提升、游离开卡、消费促进、商户合作、流失预警、客户关系维护方面有显著的效果。

第三，通过担保圈挖掘潜在客户。办理信贷业务通常会涉及第三方担保人，当担保人非银行客户时，可从担保标的、潜在客户交易流水等维度进行聚类分析，从而判断客户资产层级、消费水平、风险偏好等信息，进而对其进行相应的营销，营销活动采取刚性需求为主，如通过手机话费充值方式获得客户。

第四，通过房产估值挖掘潜在客户。房产买卖双方成交前先找银行作为中介对房产进行估值，在房产估值过程中工作人员可获客买卖双方的联系方式，且可通过房产的地理位置、价值对潜在客户进行价值评分，根据价值评分开展有梯度的营销活动。

（三）重点产品交叉销售

目前银行的单一产品交叉销售是按业务经验规则来进行名单筛选营销的，缺乏深入的数据分析与挖掘。而索信达对客户进行深入分析，找到客户特征，构建交叉销售模型，优化单一产品交叉营销名单筛选策略，以提高名

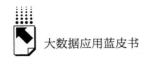

单的精准度和科学性，从而提高营销效率。通过细分客户分类，识别客户的财富类产品交叉销售情况，提高客户的综合开发率。

通常银行的重点产品包括手机银行、跨行通、网银、理财、基金、信用卡、贵金属、特色存款和代发工资等，营销人员在前台可以看到客户各个产品的持有情况，如未持有，则显示同类别客户持有情况，以便营销人员判断持有产品的概率。构建产品交叉销售模型的步骤如下。

一是确定目标产品。通过统计分析取得目标产品列表，统计每一个目标产品的客群，按客群数量降序排列，获取 Top10 目标产品。

二是目标产品评分。获取每一个客户对目标产品的评分，功能型产品有手机银行、网银、信用卡等，评分依据为使用率及使用的连续性。产品型产品有基金、理财、特色存款等，评分依据为购买比例及关注度。

三是推荐协同过滤模型。协同过滤简单来说是利用某兴趣相同、拥有共同经验之群体的喜好来推荐用户感兴趣的信息，个人通过合作的机制给予信息一定程度的回应（如评分），并记录下来以达到过滤的目的，进而帮助别人筛选信息，回应不一定局限于特别感兴趣的，对于特别不感兴趣信息的记录也相当重要。

协同过滤推荐算法分为两类：一类是基于用户的协同过滤算法，另一类是基于物品的协同过滤算法。基于用户的协同过滤算法是通过用户的历史行为数据发现用户对商品或内容的喜好程度（如商品购买、收藏、内容评论或分享），根据不同用户对相同商品或内容的态度和偏好程度计算出用户之间的关系，在有相同喜好的用户间进行商品推荐。基于物品的协同过滤算法与基于用户的协同过滤算法很像，将商品和用户互换，通过计算不同用户对不同物品的评分获得物品间的关系，基于物品间的关系对用户进行相似物品的推荐。这里的评分代表用户对商品的态度和偏好。

（四）输出推荐清单

针对个体客户，依据协同过滤模型给出的推荐评分，依次排列推荐产品清单。产品将通过手机银行、网上银行、短信等渠道进行自动化推荐。同时对于特定群体的客户，还可以通过客户经理进行人工推荐，如可以针对高净值客户推荐基金、大额存单等。

五　布局未来——关注新科技，产研相结合

大数据、人工智能、云计算、区块链等新兴技术正在全面改变银行业的运作模式。智能技术在银行业的应用已经覆盖到各个细分业务领域，贯穿银行业运营体系。智能银行的建设路径，即金融科技的利用主要集中在三个层次：管控层（银行体系架构的"神经中枢"，即基础架构）、交付层（处理银行业务活动的作业"后台"）及界面层（与客户直接交互的界面和触点）。根据其对银行业务全流程的影响可具体分为：客户服务及业务处理流程、银行风险控制、营销获客、财富积累、基础制度和交易规则及监管六大场景。

2018年是人工智能在产业界全面爆发的一年，从人工智能在金融领域的应用趋势来看，大数据与智能算法的结合，已经覆盖智能营销、智能识别、智能风控、智能投顾、智能投研、智能客服、智能保险、智能定价和智能合规等各个金融应用场景。各类机器学习算法，包括深度学习算法，已在上述场景中得到了较为普遍的应用。鉴于目前人工智能仍然以数据驱动为主，金融领域的智能技术应用仍有待于各类机构提升自身的数据治理和应用水平，更加高效地设计、获取、提炼、标注并应用各类业务和管理数据，这也是金融机构进一步提升智能金融服务能力的关键。

面对大数据及人工智能日新月异的发展形势，为了紧跟科技发展的步伐，索信达在2018年成立了金融AI实验室，致力于研究前沿科技，并与商业应用相结合，将人工智能技术赋能机器，更加智能化、人性化地服务好金融机构的客户。索信达金融AI实验室的主要研究方向为神经网络与深度学习、自然语言处理及图像识别与处理技术，目前在神经网络模型方面取得了阶段性成效。

近年来依托计算机技术的发展，模型的算力得到了极大的提升。神经网络模型由于其高准确性，在金融领域得到了广泛的应用。然而在其高效、高

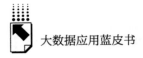

正确率的背后，是模型的不可解释性，即"黑匣子"问题（见图11）。一些其他的复杂模型如 XGboost、随机森林等即存在此类问题。2018 年 11 月，美联储高级官员在费城的金融科技会议上提出要加强人工智能技术在金融领域应用的管控，并强调亟须研发可解释机器学习工具。

图 11　神经网络"黑匣子"

面对此类问题，索信达金融 AI 实验室与香港大学统计与精算系展开合作，研发出了基于网络结构约束的可解释性神经网络（SOSxNN）模型①。SOSxNN 模型是在简单的统计学模型和过于复杂的神经网络模型之间，选择一个解释性和预测性都较好的加性指数模型（AIM），并通过改进 AIM 使之近似神经网络模型，它有一个显性表达式，不再是"黑匣子"模型，可以解释输入与输出关系。在与其他机器学习模型如多层感知机、支持向量机、随机森林等模型比较时，SOSxNN 的预测精度被证明不低于这些模型。所以这是一种更简化、预测精度更高的新型的可解释的神经网络模型。它构建了一个可以被人们理解、信赖的模型，投产后的表现再次证实了这一点。

索信达在模型开发方面走在同行前列，通过把握科技发展方向及业务需求，索信达正在积极研发新模型并将其应用于业务场景中，在高速发展的大数据及人工智能科技浪潮中不断前行。

---

① Zebin Y., Aijun Z., Agus S., "Enhancing Explainability of Neural Networks through Architecture Constraints," https://arxiv.org/abs/1901.03838.

B.13

零售"五定"管理：
大数据时代下的生鲜传奇

王 卫*

摘 要： 大数据信息时代，为了做到适应市场发展需要，获得市场有利竞争地位，企业需要对以往的运营模式加以改变，融入创新元素，利用信息技术，获取真实、有效信息，结合大数据技术对数据进行有效分析，提供决策辅助。2018 年，安徽生鲜传奇商业有限公司提出可视化管理模式，通过"棚割表"可视化，实现了商品全信息化管理。通过努力，该公司已经将大数据运用到供应链、物流、库存、公司运营、营销等各个关键环节。

关键词： "五定"管理 零售大数据 信息化 可视化

一 背景和现状

在中国，小区的聚集形式是全球独有的，这也是近 20 年我国零售行业没有诞生超级企业、百货大好发展形势戛然而止的主要原因。而强劲的发展潜力证明小业态不是一种过渡业态，而是一种终极业态。这也是一种离消费

* 王卫，工商管理硕士，安徽乐城投资股份有限公司总经理，安徽生鲜传奇商业有限公司董事长，安徽徽邦商业投资有限公司董事长，开创了"乐园艺""乐先生""乐食汇""乐大嘴零食公园""生鲜传奇"等小业态，被誉为中国小业态领军人物。

者更近的商业模式。基于小区的小业态群组，生鲜是万亿元级别市场，未来零售市场最大的"蛋糕"。一日三餐的消费，会诞生"巨无霸"企业。而未来社区生鲜折扣业态又是一种高频、高效的做法，很难被电商取代。安徽生鲜传奇商业有限公司（以下简称生鲜传奇）成立于 2017 年，是一家以生鲜经营为主的社区店。生鲜传奇围绕厨房开展业务，通过贴近社区大量开店，冷链物流，专业运作，全方位解决消费者一日三餐健康饮食需求，所有跟厨房相关的东西在这里都可以买到。目前生鲜传奇共有门店 110 多家。公司于2017 年、2018 年分别获得国内著名投资公司红杉资本、IDG 资本、弘章资本等多家风投公司企业 5 亿元 A 轮、B 轮融资，获得 2018 年度中国高成长连锁品牌、最具区域连锁品牌大奖。

全世界的大卖场在选品上都会做品类控制，如美国山姆会员店、好事多面积数万平方米，品种数都控制在 4000 种；德国阿尔迪控制在 1500 种；美国乔氏控制在 2000 余种；日本卖场控制在 10000 种[①]。生鲜传奇也不例外，通过借鉴同行经验和对日常运营数据分析总结，生鲜传奇制定出"只做和一日三餐有关的基本款商品"的运营思路，将常规品控制在 1400 种以内，生鲜商品控制在 400 种以内，保持蔬果、肉类占比 60%，生鲜占比 80%，严格把控销售生鲜商品的品类以及数量。

二 "五定"管理理念

基于对便利店业态的理解，通过对德国阿尔迪、美国乔氏等企业的研究和考察，汇集生鲜传奇管理者们多年来对超市一线管理工作的实践经验，更为重要的是结合企业所在行业区域拥有的经营管理优势，生鲜传奇提出了独特的"五定"管理理念：定位、定数、定品、定架、定价。根据此理念生鲜传奇建立了标准化陈列和自动订货系统，采用标准化手段确保

[①] 《"我的后园"围绕厨房特性展开选品　精准到每个小分类的品种数》，2019 年 9 月 26 日，http://www.sohu.com/a/343536892_120175779。

城市模型可以高效复制，并将维系此种标准化手段作为生鲜传奇发展的红线和原则。

1. 定位

卖场目标群体的确定是便利店一系列运营活动的出发点和基础。只有明确卖场的档次定位，才能更好地锁定目标客群，进行装修档次氛围层面的设计，有利于精准地围绕目标群体开展选品工作。做中国人的超市，生鲜传奇开始迎接消费升级。经过考察，采集大量数据，生鲜传奇最终把服务目标客群定为家庭（2～3口之家）年收入在8万元以上，家庭餐饮相关年支出在2万元以上，年龄在25～65岁的家庭人群。商品以中端商品为主，配以部分进口食品，突出商品的品质和性价比。低端的商品不引进，奢侈的商品不卖，商品要求高动销。打造简约、高品质、卫生和田园风格的卖场，并据此建设相关的服务营运体系。

2. 定数

"定数"也可以叫"标准化"。所有的门店，商品数量是一定的，样子也是一样的，门店没有权力去选择商品，所以叫定数管理[①]。多数消费者日常所选择的商品不会超过150种。只有聚焦到基本款，才能使门店的面积可控，道具可控。生鲜传奇围绕厨房特性选品，只卖和吃有关的东西，其余不卖。SKU（Skock Keeping Unit，库存量单位）数量控制在1800种以内，生鲜商品控制在400种以内。未来还要进一步精减品类，通过缩减SKU数量，精选动销快的品类，提高大单品采购量，从而更好地提升利润率。

3. 定品

生鲜传奇的所有商品都与小区居民一日三餐有关，与一日三餐没有关系的商品一律不让进场。增加品类宽度，减少品种深度。只做高周转商品是生鲜传奇品类管理的原则。另外还要预测消费者的消费需求，合理搭配商品组

---

① 浙江省现代农业促进会：《被称为"下一个永辉"，生鲜传奇的运营细节里藏着多少"魔鬼"》，2018年8月29日，http://www.sohu.com/a/250788714_99959858。

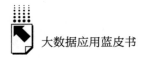

合，减少属性重复的商品，让消费者既能买到常规商品，其差异化需求也能得到满足。生鲜传奇总结出以下经验。一是商品品类要有差异化但不能过度差异化。比如酱油、白酒类品牌依赖度高的商品，要集中选择知名品牌。二是要突出核心商品，确保有一定量的差异化商品。比如世面上面条品种很多，但生鲜传奇首先要保证普通细面和粗面至少要占七成，然后才考虑意面、乌冬面等小众品种。三是要考虑系列性。比如，清洁产品系列、筷子产品系列，完全可以只选择一个品牌，在包装视觉效果上更加统一，商品货架的摆放也更加整齐有序。

4. 定架

卖场设计的标准化是体现门店品牌风格的重要因素。生鲜传奇完全采用标准化的门店风格设计，采用各种技术手段和管理措施保证每一个生鲜传奇门店基本上是一样的。所有卖场结构一样，货架数量一致，商品在门店里面都有固定的陈列位置。生鲜传奇基于简单、高效的原则建立标准系统，设立的所有标准都让员工简单易学，"凡是十分钟教不会员工的就想办法不让他做"成为卖场坚持的管理理念。门店陈列采用电子化的陈列表进行统一管理，并设立编码规则，所有商品在门店都以数字表示，在常规商品旁边摆放标签，标签上标注着数字信息，显示这个商品在门店的货架编号、货架高低位置、摆放次序、陈列面位置以及摆放区间等信息。员工在商品摆放过程中，不需要琢磨豆制品往哪里放，肉品怎么陈列等问题，只需要按照阵列图里面规定的位置码放即可，大大提高了员工摆放商品的效率。

5. 定价

生鲜传奇采用总部统一定价策略，由总部控制利润率，制定统一固定价格，不允许门店进行主观性促销。同时大力开发自有品牌商品，加大标准份净菜、半成品的供应量。基于保证周边市场最低价以及尽可能地保证利润的定价原则，生鲜传奇商品价格一般比周边卖场低20%，并允许门店在一定范围内自主调整折价。为保证价格竞争力，生鲜传奇甚至不惜打价格战，对竞争门店每周一次进行比价，并承诺价高共享退差，即如果某商品比同类门店价格高，那么购买过该商品的用户在一段时间内可以享受差额，这样有利于体现生鲜传奇的价格优势，打消消费者的顾虑。

三　系统建设

为了能够更好地实现定品管理，生鲜传奇依托于海康威视云眸可视化管理平台，创建了可视化货柜管理监控平台，并完成了可视化货架管理平台建设，实现了更快捷的定架管理。其系统由 BI 数据分析＋货架可视化管理＋应用客户端组成，对货架商品陈列实现了可视化管理。在所有门店均设立了监控设施，对商品陈列进行大数据分析和比对，根据商品陈列标准图片，利用 AI 智能学习技术，与标准陈列图片进行比对，识别出不符合规范的陈列。对门店实际陈列与标准图片存在差异的，自动保存截图，提供给运营人员并及时通知门店处理。生鲜传奇还利用数据分析技术，通过对货架商品的陈列以及销售数据进行分析，找出商品最佳陈列位置。通过可视化货架软件，将原"棚割表"中商品陈列由数据转换为图片并与门店实际货架陈列相匹配，采集门店销售数据，通过商品销售数据与陈列数据关联，分析陈列位商品的销售额与占比以及对门店销售的贡献度，及时优化和调整商品陈列。

为实现并提高数据分析能力，生鲜传奇在腾讯云建立三节点分布式处理数据分析平台，对公司经营数据进行分析，提供经营决策（见图 1）。借助于优秀的数据处理系统，平台可以按天、周、月进行各项销售数据汇总与统计，对企业以及各个门店毛利、毛利率、交叉比、销进比、盈利能力、周转率、同比、环比、客单价、经销价、客流量等数据进行观察与对比。而分析维可从管理架构、类别品牌、日期、时段等角度观察，比如从管理架构上，可以分不同管理层级、片区等，这些分析维采用多级钻取，从而获得相当透彻的分析思路。同时根据海量数据产生预测信息、报警信息等分析数据，最终可根据各种销售指标产生新的透视表。

在商超行业中，商品分析的主要数据来自销售数据和商品基础数据，从

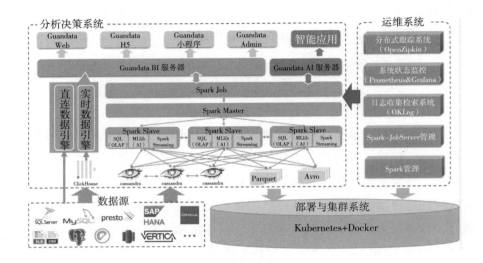

图1 三节点分布式处理数据分析平台

而产生以分析结构为主线的分析思路①。生鲜传奇对商品的类别结构、品牌结构、价格结构、毛利结构、结算方式结构、产地结构等关键数据进行分析，从而产生商品广度、商品深度、商品淘汰率、商品引进率、商品置换率、重点商品、畅销商品、滞销商品、季节商品等多种指标。通过对这些指标的分析来指导商品结构的调整，增强所经营商品的竞争力。

为了提高零售门店陈列面积的利用效率，门店往往需要通过商品配置表控制商品陈列的品项。商品配置表又被称为"棚割表"，源自日文，其中"棚"指的是货架，"割"指的是适当的划分与配置。因此"棚割表"其实就是把门店的货架上摆放的商品做有效的规划，并以书面形式表达出来。生鲜传奇旗下门店众多，传统的Excel格式的"棚割表"缺乏生动的、可视信息，给门店的摆放管理工作带来了一定的困难，为了体现出门店的特色，实现各门店陈列面积的有效利用，生鲜传奇将所有商品数据属性经过采集和排列，采用可视化的陈列系统，对"棚割表"进行可视化编排，为指导门店

---

① 郭录政、郑家图、王丽等：《智慧社区商超管理系统》，2018年9月19日，https：//www.jian shu.com/p/cf597d3759bf，。

运营人员提升陈列水平和排面管理水平提供了依据。

随着消费升级的到来，消费者越来越重视商品的品质与安全。生鲜传奇自有品牌多达 800 种，打造自有品牌是为了对供应链进行控制，而控制的目的则是对商品的品质和安全进行把控，进而对货量的稳定性进行控制，确保在企业扩张到几百甚至上千家门店的时候，能够持续稳定、安全、有品质地为消费者供应食品。只有建立了这种真正安全可控的工业系统，企业才能真正做大，而不用担心企业做大后的品质和安全问题。

电商不是趋势，但商业的电子化是趋势。消费者在线下消费的过程中存在大量痛点，比如高峰时刻排队拥挤、现金钱款容易丢失、笨重商品搬运不便。而线上交易在解决以上难题的同时，更具备电子支付、数字化会员管理、便捷的用户沟通等优势。因而线上与线下结合，在实体店零售行业中更具有实际意义并会带来巨大价值。为此，生鲜传奇推出了手机应用软件（见图 2）。生鲜传奇将手机应用平台打造成一个服务平台，这与传统电商把手机应用作

图 2 生鲜传奇 APP

为商品销售平台的做法有着重大的区别。生鲜传奇把门店作为一个服务中心和销售平台，延伸社区服务和购物功能，以门店为中心，以落地小区为电子栅栏，把门店从一个"圆水母"变成"八爪鱼"，以解决消费者服务痛点为目标，牢牢地把社区居民吸附在服务范围内。APP 中一键呼叫店长、待发布商品预售、一键退货等功能，增加了消费者的黏性，并能更好地为消费者服务。

四　大数据运用效果

1. 管理信息化

从生鲜传奇对国内同行的考察与比较结果来看，国内连锁零售企业对大数据的应用，在营销领域的一些尝试比较成功，在业务管理方面做得比较少，而数字化管理是连锁零售门店实现高效集约管理的一个重要途径。生鲜传奇与烟台数图信息科技有限公司合作，采用信息化手段让商品信息化管理最终达到数字化和可视化。以商品/品类规划、门店布局、商品陈列、门店执行跟进等为线索，实现整个运营业务闭环数字化。与传统零售管理方式不同，生鲜传奇所有新品的摆放位置不是由采购部门决定的。采购部门看到需采购新品，先与营运部门沟通，确定具体陈列位置后，再完成采购流程。由总部来制定陈列图，并分发到各个门店，新品到店，门店按照陈列系统中给定的陈列位置进行陈列。以荔枝采购为例，采购部门到现场观察、选定荔枝商品后，营运部门就在门店现有的货架上把荔枝有陈列位置和陈列标准定下来，并下发到门店，然后执行采购流程，新品到达各个门店，员工则按照商品的数字标签摆放商品。数字标签设定统一的编码规则，例如某商品的编号为"31 A1 M2 8"，"31"是指该商品将陈列在第 31 货架上，"A"表示商品陈列在第一层，"1"代表摆放次序为第一个，"M2"代表有两个陈列面，"8"代表其商品满货架陈列为 8 个。通过简单数字标签以及数字化"棚割表"，企业实现了连锁门店货架风格的整体统一，同时大大提高了工作人员的摆放效率。各个不同历史时期的"棚割表"、数字标签数据将被保存下来，作为今后分析企业运行效率、运营绩效的重要基础数据。

2. 运营数据分析

（1）生鲜商品日中实时监控。

达成率是生鲜零售企业平衡商品新鲜程度以及控制销售利润的重要参考依据。传统的生鲜商品销售往往依赖于管理人员的经验，"一切跟着感觉走"。生鲜传奇则采用了数字化手段，对生鲜商品的销售进行实时监控，及时发现各门店生鲜商品当日销售的达成率，对达不到标准的商品及时提醒门店进行相应处理。生鲜传奇的理念是：与客户抢商品，客户抢好的，我们抢坏的，通过销售数据判别商品的价值属性与趋势，将低价值商品及时剔除，保证陈列商品的有效性，实现门店摆放商品价值的最大化。利用可视化数据报表对门店销售商品进行达成率分析（见图3），可以精确地观察到生鲜商品的最佳摆放期，在保证商品质量的前提下，最大限度地保障门店的销售利益。

图3　门店销售数据监控

（2）门店历史销售分析。

生鲜传奇对门店的考核也借助信息化系统进行，借助数字手段对门店销售进行分析，及时发现门店销售存在的问题。通过分析日、月销售情况，指标完成情况，同期的对比、环比等数据，得出准确判断。例如，通过销售分析，可以知道同比销售趋势和实际销售情况。通过对销售毛利率的分

析，可以了解销售同期对比情况和毛利状况，并发现在商品毛利方面的问题（见图4），从而对具体门店经营情况做出准确判断，并制定出正确的应对措施。

图4 门店销售数据监控

（3）门店畅销品分析。

畅销品的销售情况是关系到企业盈利的重要因素，通过对畅销品进行分析，及时发现畅销品销售有问题的门店，评估畅销品缺货情况，对于零售企业稳定持续盈利有重要的现实意义。观察贡献率高的商品是畅销品分析的重点工作。商品的贡献率可以借助公式毛利率×周转率＝交叉率来从侧面获得。交叉率越高，毛利率越高，周转得越快，商品的盈利效应越明显。零售企业可以通过交叉率对各品类商品进行销售排名来发现畅销品，进而可以增加门店畅销品的陈列面和陈列量，保证各门店畅销品陈列醒目、大货陈列、库存充足，并采用海报重点推送单品，提高商品的销售总额。在采购环节，通过畅销品分析，采购人员对渠道、供应商货源进行比较，提高采购量。在库存环节，可以按照销售天数制定畅销品安全库存，合理规划出货位，确保货源及时跟进。生鲜传奇通过数字手段实现了畅销品的持续跟踪分析，最大限度地保证了企业的整体利益（见图5）。

图5　畅销品销售分析界面

（4）库存分析。

对库存进行分析，可以及时发现门店库存异常情况，对库存异常商品及时进行调整，加快周转，防止缺货，同时，需要对库存精准管控，并制定安全库存，在不缺货的情况下，尽量缩短周转时间。经过测算，生鲜传奇得出常规品周转天数21天左右、自有品牌周转天数45天左右的运营规律，并以此指导企业库存。这样可以减少资金占用和高库存商品，促进推销，实现保质期预警并及时清理淘汰商品。

（5）会员分析。

生鲜传奇利用客户管理系统对会员消费行为进行分析，可以得到会员消费偏好和消费习惯，对沉睡和流失会员及时唤醒和采取精准营销措施，识别出高价值会员，并对其消费行为持续跟踪，为其提供个性化定制服务。

随着大数据应用的落地，大数据的价值将逐渐得到体现，成为智能化社会的基础。评价一个门店运营的情况，可以看其业绩数据，不是"拍脑袋"而是"靠数据说话"。但在实际经营过程中，仅仅掌握精确的数据是远远不够的，还需要结合工作实际，从细节发现问题，结合数据手段，采取行之有效的解决对策。零售行业是从细节里抠小钱的行业，在管理上，生鲜传奇必须通过技术手段的应用逐步实现精细化管理。

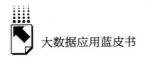

结　语

　　生鲜传奇将继续利用信息化手段提升管理水平，利用大数据进行智能分析，提升管理水平。生鲜传奇还在不断地探索社区生鲜连锁新模式，以形成特色化品牌。生鲜传奇开业至今，从第一代店开始，经过了五次迭代。迭代的核心是围绕消费者的购物需求和消费体验，根据零售市场的变化，不断对卖场进行修正和调整。从第一代店到第五代店，生鲜传奇的经营理念更加明确，卖场的布局、商品的陈列更加贴近百姓，更能满足消费者的需求。生鲜传奇计划到 2020 年实现门店总数达 500 家。生鲜传奇也会进军全国市场，逐步发展一线城市、二线城市门店，以合肥为中心辐射至长三角地区乃至全国。

B.14
"真心"大数据：休闲食品全周期数字化管理体系与实践

贺 捷[*]

摘 要： 安徽真心集团作为在休闲食品行业深耕 10 余年且稳居行业领先地位的传统制造企业，通过高效的数据采集收集系统，在运营中积攒了大量的品牌用户数据、制造质量参数数据和流程管控数据等，对数据进行有效筛选分析已成为企业转型升级的重要支撑。安徽真心集团通过对有效数据的比较应用，实现了质量的精细化管控；通过对数据的记录、定位和筛查，为产品的责任追踪提供了高效保证，为实现高质量的智能制造提供了可能。安徽真心集团的数据最初应用在销售体系，从业务员的客户拜访数据到经销商的库存数据再到消费者体验数据，逐渐下沉至关注用户，形成食品领域精准的个性化服务与品牌的深耕经营案例。数据的体量和边界是趋于无限的，有效数据也是变动分布的，但是基于数据的管理模型是可以被长期使用的，正是认识到这一点，安徽真心集团正在不断探索完善精准的个性化、可视化、平台化的智能制造供应链体系。

---

* 贺捷，安徽真心食品有限公司公共事务拓展部总监，集团总裁办主任兼董事长秘书，合肥市青联委员，执笔编订集团 2016～2018 年、2018～2020 年战略规划，先后参与安徽大学－真心战略转型课题、中国科大－真心博士后工作站课题研究工作，主讲"阿米巴模式的本土化与落地""企业的未来：无边界共生""领导力与个人发展""合伙人制度""组织管理""战略管理"等企业管理课程，主要研究方向为企业战略管理、组织文化设计、制度流程建设、政府外联及企业培训。

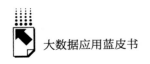

关键词：　大数据应用　质量管理　休闲食品　智能制造

一　量化管理理念和早期数据应用

安徽真心集团（以下简称真心集团）创建于 2000 年 9 月，是一家融休闲食品制造、餐饮服务、金融投资及电子商务等多板块为一体的大型民营企业。旗下核心企业安徽真心食品有限公司（以下简称真心公司）职工总数近 1000 人，在黑龙江、内蒙古、安徽等地拥有 3 个生产基地，年生产能力 15 万吨。企业具有自营进出口权，产品远销美国、俄罗斯、加拿大、日本、中国香港、中国澳门、中国台湾、中欧、东南亚等几十个国家和地区，在全国有 600 多个经销商和分公司。先后荣获"中国民营企业 500 强""全国优秀食品龙头企业""全国坚果行业 10 强企业"称号。

真心集团自创建之初就十分重视广泛采集企业管理数据，包括客户数据、生产制造数据、原料供应数据等，构建了技术质量数字化、流程管控模型化、生产制造可视化以及产品参数记录化的产品全生命周期的"四化"管理模型（见图 1），量化管理理念已成为企业 10 多年稳步发展的重要法宝之一。2018 年，真心集团提出了内涵更为丰富和具体的"科技化、数据化、平台化、可视化、未来化"的"五化"发展理念，以此为指导，同时配合集团总部引入先进的"阿米巴"经营管理模式，真心公司发展方向更加明确，标志着企业已步入依托数据化转型升级和管理模式创新的新征程。软件手段一

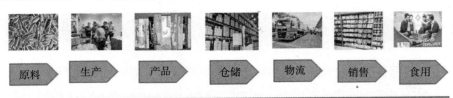

图 1　产品全生命周期的"四化"管理

直是真心集团数据管理的重要支撑，从早期业务员全覆盖的手机助理软件到当下的 ERP 系统，真心公司走过一条由依靠外部软件供应商到软件自主开发应用的科技化之路，企业信息化管理研发中心应运而生，它承载着企业"五化"的重要战略使命，是休闲食品领域产品全生命期量化管理的全新平台。

二　大数据化的智能制造供应链体系

传统企业特别是生产制造业一直以规模化生产为节约单位制造成本的重要手段。从企业制造管理角度分析，以往制造技术的革命主要集中在对制造材料、装备、工艺、标准和维护管理模式五个关键制造要素的创新上，而智能制造通过对制造知识体系的重大变革，使五个关键制造要素发生了根本性改变①。进入 21 世纪，生产自动化、企业信息化、工业物联网等技术手段不断颠覆传统的管理和运营模式，融合以上不同技术手段优势的智能制造正成为当今推动传统劳动密集型企业变革的巨大力量。数据化是实现智能化的前提和基础，企业大数据管理创新势在必行，只有通过数据整合分析搭建管理模型，通过模型建立系统自控的标准化作业体系，企业才能走上真正意义的制造智能化之路。传统企业的智能制造变革离不开基于海量数据分析后梳理出的标准化生产系统流程，数字工厂是智能工厂建设实施的前提和核心。

为构建基于大数据化的智能制造供应链体系，真心公司自 2016 年开始选定合肥生产基地作为推动数字工厂标准化建设示范基地，成立了由总部生产供应链体系包括生产、质量、技术及合肥生产基地主要负责人组成的数字工厂标准化建设领导小组。领导小组通过前期调研和多轮研讨论证，提出了适合真心公司中长期发展需要的质量数字化管理体系建设，即"数字化五体系建设"，具体包括生产厂行政后勤服务信息化体系建设，车间精细化核算（包括原料、半成品、成品、仓管、生产流水线等）管理体系建设，设备分包服务参股量定系统建设，质量数字化追踪体系建设，标准化文化培训

---

① 李杰、倪军、王安正：《从大数据到智能制造》，上海交通大学出版社，2016。

服务体系建设。

"数字化五体系建设"不仅实现了合肥生产基地的数字智能工厂建设，而且将示范成功的管理和运营模式推广到其他两个生产基地。通过数字工厂标准化建设，真心公司全面实现了休闲食品领域产品全生命期的技术质量数字化、流程管控模型化、生产制造可视化、产品参数记录化，进而最终实现产品质量数字化的全流程管理体系建设。质量数字化关键环节包括下列几个。

1. 粒粒安全：大数据支撑下的最优成本供应和高效运行战略

自2016年数字化标准车间建成至今，大数据已包含物料管理体系、库存管理体系、物流管理系统等全生产供应链管理系统。通过制定并完善数字化操作程序，细化数据管理工作职责，明确量化工作流程，真心公司建立了先进的数字供应链管理制度。通过对采购数据的比较分析真心公司不断优化供应商结构，提高采购效率，结合公司大宗物资需求数据，实现了定期招标议标采购，将原辅料采购需求数据、供应商管理数据与生产制造参数系统结合起来，实现了生产供应链全流程的数字化整合（见图2）。

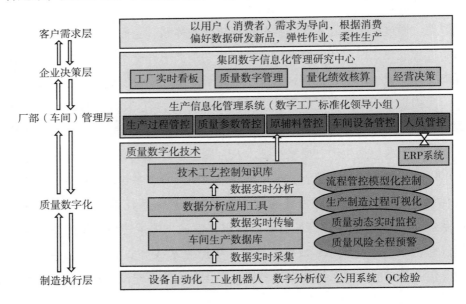

图2 生产供应链系统质量数字化管理

全新打造的"数字采买全球最优原料"系统，基本实现了公司对全球原料供应商数据由传统简单的数量获得变为质量参数的实时监控，以及全球价格体系的动态比较。订单需求提出 24 小时后，通过远程监控体系和数字采买平台进行快速比较，系统自动选定性价比最优供应商，实现采买活动的全程跟踪和质量管理（见图 3）。通过实施数字采买计划，公司不仅实现了在全球比较选择最优原料，而且大大提高了原料的质量，极大地降低了以往原料现场交易采买的成本，与供应商的合作关系也更加密切。

图 3　采买活动的全程跟踪和质量管理

在保证优质原料的前提下，车间生产制造过程是质量监控的又一个重要环节，同时也是提供优质产品的关键环节。厂部在充分发挥车间电子看板跟踪记录效用，结合"JIT 管理"和"精益生产"管理的同时，充分保证了生产制造环节达到流程精细化、数据可视化、监测动态化。真心公司实现 3 日滚动计划排产投产，特别是在仓库推行按 3 日滚动计划备料配料上线，有效减少在线材料的堆积，提高了生产线控制材料损耗的意识，减少了材料损耗，极大地降低了生产成本。基于现代条码技术上线的电子生产管理系统有效提升了公司管控分析成品、半成品的能力；基于生产数据的动态记录，通过统计分析核销完成率，公司对核销超标的生产线采取强制措施，加强对材料核销的控制；严格控制多排产信息，以客户交付为导向配发物料，杜绝在

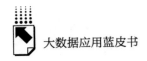

制品不良品的产生，从根本上解决关单、核销、损耗的难题；以月度客户交付满意度为基础，建立交付考核制度，真正把客户满意与中心绩效挂钩。

数字车间的建设离不开先进生产设备硬件的投入，合肥新厂自2015年起开始购置全新的生产制造设备，更新换代多条自动化生产线，同时对旧设备引进新技术进行技改创新，还将海外生产线完全独立出来。以往由于国际上各国食品检测标准不同，各车间共用生产车间甚至共用生产设备，导致在生产交替过程中清洗成本特别高，产品过关风险大、淘汰率高，但是由于传统的管理无法实现排单的完全可控，为了减少成本，共用生产线是减少设备闲置的有效手段。现代电子生产管理系统实现产能排单的实时动态监控和智能化记录配比设备，不仅实现了对生产线的零闲置，而且真正实现了根据市场需要，合理调配现有设备资源，对传统的备货制度也进行了高效的修正。

以上数字化管理建设和实施工作，力求做到让每一个产品通过企业智能生产数字平台系统扫码记录，基本实现产品的全流程可视化追踪及时间节点管控，真正做到粒粒安全，让大数据最大限度地支撑企业发展的最优成本供应和战略高效运营。

2. 颗颗真心：高质量参数下的智能制造之路

数字化转型正引领我们走向互联化、智能化与自动化，它不仅改变了我们对质量的看法，同时需要我们建立新的质量观来适应它①。质量数字化的先决保证源于原始数据的质量标准要求，真心公司通过对历史管理流程标准化经验数据的提炼，对数据进行系统挖掘管理，而有效数据来源于高质量参数的标准制定。

（1）只采集高质量参数的数据。

休闲食品作为快消品由于生产日期对质量的参数影响，长时间追踪是获得数据特别是核心的易受外界环境影响的质量参数数据必不可少的环节，在数据收集的同时还要考虑室温、空气湿度等因素，数据体量特别大。因此，在以上变动的海量数据有效性要求下，企业设计建立了"历史经验值＋实

---

① 可歆：《质量4.0：数字化转型中的质量变革》，《上海质量》2019年第5期。

时人工＋变动追踪＋信息系统"规范化多渠道量比的数据采集标准。在早期的测验阶段，数据的人性活化与信息固化的有机结合是必不可少的，随着数据模型的建立，减少数据收集的人为操作成为数据收集质量参数新的要求。数据的收集、早期核验、导入、效验等标准化数据处理流程保证了源数据的质量，高质量参数的源数据是质量数字化管理的源头。通过源数据分析，实时监控成本、费用、损耗等数据运行情况，企业可以大大提升产品生产过程管理的及时性。

（2）深度地挖掘分析和加工应用。

在系统录入有效数据后，通过数据分析建立管理模型，数据成为企业建立原料、制造、仓储、物流和技术质量等一切标准规范的依据。通过输出使用校验、差异分析、比较控制等数据有效性追踪措施，公司在数据分析及应用过程中能保证动态数据的完整性、一致性和准确性。

（3）系统建设的数据软件保证。

通过软件系统的开发应用将信息化覆盖到生产管理、市场管理各个环节。如一箱一码仓储管理系统、生产派工车间管理系统、经销商日销售管理系统、实时成本核算系统、预算管理系统、网络报销系统等，真正实现运行机制公开、透明。例如，可以通过分析经销商两年内的订货次数情况，可以更好地了解经销商及市场良性运作情况（见表1）。企业通过总部信息化及厂部工业自动化联动考核机制，通过对制造执行系统 MES、ERP、U8 管理系统、营销平台和工业大数据智能化分析系统等综合管理系统软件的应用，有效地提升了数据质量，特别是将产品质量控制贯穿于系统设计、开发、测试、实施等全过程中。比如在内部交易模式下，对上游产品进入下游环节的每一个流程都进行数据监测，对供应商进行全生命周期的数字化管理，内容涉及供应商的准入、认证、履约评估、等级管理、异常和事故管理、黑名单等，公司可以降低建设环节发生问题的概率。通过数据平台将能力评估及涵盖设置、评估、报告的日常评估体系变成量化指标，实现交易环节的全程电子化。以上工作均离不开软件系统的开发和支持，同时总部信息中心也正在加快推进云计算自有数据存储分析系统的研制。

表1 基于数据分析经销商两年内订货次数情况

订货次数(次)	经销商个数(个)	占比(%)
0~12	45	7.92
13~24	374	65.85
25~36	117	20.60
37~48	12	2.11
49~60	9	1.58
61~72	3	0.53
73及以上	8	1.41

3. 阿米巴：量化管理下的高效后勤服务体系

真心集团于2016年针对总部及所有分（子）公司启动阿米巴改革模式，提出了"科技化、数据化、平台化、可视化、未来化"的"五化"发展理念。

改革之初，受互联网商业模式的冲击，传统行业纷纷开启探索新模式改革之路，真心公司已经在这条道路上摸索了数年，依旧苦于行业的活力不足，市场空间受互联网商业模式挤压，最严重的问题是组织的创新活力不足。因此，公司首次提出"组织数据化管理，员工价值数字化"的组织变革目标。

传统制造业在互联网企业面前，特别是面对互联网年轻的组织群体时显得活力不足，在信息技术不断渗透到企业运营中时，组织重塑不到位的每一家大型企业都会面临人员冗杂、人浮于事、竞争活力欠缺、工作内容性价比低下和报酬产出不对等问题。加上知识迭代更新的速度加快，很多岗位的专业性变得不那么牢不可破，很多员工从事的工作内容可替代性越来越强，甚至是直接被人工智能所替代。

基于以上分析，企业适时系统地导入阿米巴经营改革模式，进行企业组织重塑。其核心就是工作价值量化，企业内部交易化，将数字管理理念贯穿于企业组织创新中（见图4）。比如淘汰性价比低的工作岗位及人员；提升个人工作报酬与产出价值比（工作价值量化）；降低企业人工成本，强化组织竞争活力；激发员工对外服务的热情，提升员工能力，塑造创业氛围。

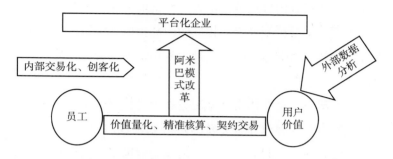

图4　将数字管理理念贯穿于企业组织创新中

（1）公司需对每个阿米巴进行量化分权，赋予其清晰的虚拟产权，尤其需要对企业内部很多难以厘清的公共领域的权利和责任进行明确划分，使每个阿米巴和员工能够在规定的权利之内开展活动，获取相应的价值①。基于以上思考，企业就"责权利"对全员进行了系统性的价值量化，通过组织价值量化到人，实现对服务内容进行数字交易价格定价。通过成立组织改革重塑委员会，组织全员进行工作内容交易定价，制定个人工作服务内容价值表。成立员工价值量定工作组，由工作组对全员的工作内容价值表进行合理化审核量定。

（2）对量化后的工作服务内容进行设计，并实现内部抢单上岗。依托OA建立企业内部服务交易平台按月进行内部抛单抢单上岗，以3个月为价值磨合挖掘期，将员工工作内容价值表分成内部服务及外部创收两个模块，并直接与薪酬挂钩，3个月后实现全员基本薪酬按最低工资标准执行，实现量化变动付薪机制即依据抢单服务内容及工作量有价定薪，降低人工成本。

（3）采取公开公平的交易机制，提升并激发员工的竞争力和工作热情。实现上述目标后，公司引导组织将工作重心转移到开拓外部市场上来，更好地提升了组织的竞争力。

量化管理组织重塑的核心工作是现代数据理念的量化定价及契约交易规

---

① 林冠颖：《基于Y公司阿米巴经营模式的高科技企业组织转型研究》，《现代农业研究》2019年第6期。

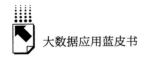

则机制的设立，其核心内容包括：个人工作价值量化，可视化合理定价；亮单抢单平台建设，交易机制设定；权威的内部价值评定机构的确定；员工个人低基本酬高绩效的薪酬体系的文化理念教化；内部交易边界及外部合作边界的量定设计。

经过组织重塑后，企业休闲食品制造和销售依然是主营业务。但基础业务布局开放边界由自品牌内部服务转为跨行业领域的全系统服务，表现为：一是基于生产能力的生产制造业务，二是基于营销渠道的销售贸易业务，三是基于盈余服务能力开放的对外合作业务。以上基础业务开放后，平台化的趋势不可逆转，企业逐渐朝资源整合、创新合作生态圈方向塑造品牌。同时，量化数据核算体系变成企业内部管理最重要的管理模式，其有效地集合了财务、人事、信息、品牌等多模块职能服务，让几个本来职能划分明确近乎不相通的内容通过数据量化管理向一个核心点聚集。从真心集团层面，品牌变成时代标签文化、生态资源交互站。收益来源除单一的自品牌产品销售收入，新增多板块基础交易收入、结合早期投资受益及未来企业孵化收益。潜在诞生全新的商业领域，孵化全新的商业品牌，让组织管理打破边界，可以充分提升组织的创新力。截至目前，企业已成功孵化信尔联电商平台和丰鸿农贸平台。

三　被消费者管理的精准营销服务网络

互联网商业模式给传统企业带来的一个最大变化就是对传统商业渠道造成了巨大的冲击。首先是线下经销商渠道逐渐萎缩，取而代之的是线上销售渠道，然后随着智能手机的迅速普及，微博、微信等社交媒体得到广泛使用，在此基础上产生大批微商、微信公众号以及各种 APP 程序并成为新的销售渠道，近年来逐渐兴起视频直播带货，这些变化对企业的销售渠道产生了革命性影响。产品越来越直面消费者，谁能第一时间把握消费者个性化的诉求谁就能抢占先机，营销越来越靠近消费者，迫使企业尽快制定消费数据管理营销网络的商业策略。

1. 基于消费者互动模式的线上线下联动，实现产品数字化营销策略

2012 年，真心公司先后在天猫和京东开店，正式开启线上渠道网络的布局。自 2016 年起，由于社交媒体异军突起，微博自身功能弱化，真心公司逐步转向 APP 移动端的网络合作，围绕品牌曝光和大事件营销，强化微信运营，在保持粉丝正常增量的同时做好现有粉丝的盘活，进行粉丝分类管理，策划更有针对性的内容，不断加强与消费者的互动（见图 5），截至目前，微信公众号粉丝数量上千万人。

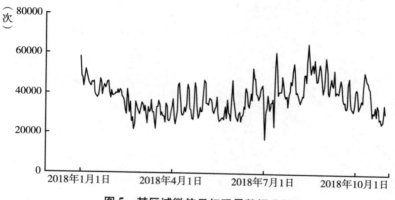

图5 某区域微信日扫码量数据分析

作为拥有 10 多年发展历史的传统食品制造企业，真心公司拥有全国 600 多家线下经销商以及遍布世界的经销网络，这是真心公司重要的竞争力，为了使其在互联网时代有效挖掘市场潜力和创造机遇，公司先后开通微信公众号 CATY＋商城，发挥品牌影响力，强化外部合作丰富线上产品品类，通过线上线下进行联动矩阵式传播：线上利用自媒体进行活动话题炒作和互动，造声势；线下开展促销活动，增加体验，加强与用户面对面的情感沟通。公司并通过大数据平台进行精准式营销，增加品牌曝光度，提升品牌知名度。真心公司自 2017 年先后通过线上线下联动推出消费者红包和渠道红包活动，通过线上平台宣传活动，而消费者参与活动则是通过线下购买行为实现，通过扫描线下产品外包装袋上的二维码来关注公司的微信公众号，线下扫码领取红包的消费数据则直接传输到后台一物一码系统活动数据平台进行跟踪分析

（见图6）。直面消费者的促销活动不仅促进了线下消费者的购买行为，而且将消费者流量引流至线上平台，还实现了消费者数据的平台收集、分析和整合。消费者可以通过社交账号进行快速分享，实现品牌信息广泛而快速便捷的传播，也为未来品牌活动信息的精准投放积攒用户流量数据。通过类似的消费者红包活动，把握各大节日庆典等话题，公司提升了消费者对品牌的认可度，通过线上线下联动，公司有效增强了用户体验和消费者的黏性。

图6　通过线上线下联动推出消费者红包活动

2. 基于用户体验数据及消费者反馈数据分析布局营销多元业态

随着商业业态不断被颠覆，营销手段更加多元，营销决策越来越贴近消费者，公司运用大数据积累为营销决策及营销策略布局提供多维度信息，有效地提高了营销决策的科学性和精准性。通过培训关键销售部门业务人员，公司全面提高了一线人员的数据分析水平。通过搭建自有经销商业务服务平台，公司整合了销售链上下游资源，开发B2B、B2C销售模式，通过平台实现对交易协同、统一订单处理、客户要货计划数据的实时跟踪。此外，经销商手机助手及业务员手机助理系统的推广运用，使销售布局更加一线化。根据平台刻画的线下经销商数据画像，公司可以查询产品、价格、对账等信息及订单交易情况，从而可以准确掌控经销商库存和销售信息。

在渠道多元化的同时，以消费者需求定制生产，无论是平台领域还是渠道领域的信息均通过数据进行实时反馈，消费者偏好数据直接通过平台分析进入企业决策层，供决策层参考。随着 AI 技术的不断成熟并推广运用，作为人类生活的必需品，食品本身的活力不会被替代，但竞争压力将越来越大，生产和销售环节将更加智能化，人才的活力将体现在创造力上，商业的创造力价值将体现在用户需求的满足度上，基于用户需求的大数据将成为商业创造力的有力支撑。

产品质量在销售过程中也进一步通过消费满意度数据得到实时检验，这将大大减少追踪质量问题的时间，提高公司的追溯能力与消费者的满意度，可以说每个消费者的数据都是产品品质和公司服务的检验码。以一个到达消费者手上满意度不高的产品为例，消费者即使不说话，通过消费者红包后台数据及消费者重购率数据，公司也可以充分识别和观测到该批次产品的消费者满意度情况。大数据可以精确到产品品类、消费区域、消费者偏好，基于重构率和红包扫码数据，公司可以调整某一产品品类在某一市场区域的营销策略甚至是产品技术工艺（见表 2）。对于消费者多渠道反映的产品质量问题，通过一物一码系统公司可以查询产品的生产流程、物流、原料来源等信息，深度发现问题并快速整改和追踪责任。

表 2 质量数据化对部分区域销售、质量投诉及消费者满意度的影响

省（自治区、直辖市）	销售增长情况		质量投诉情况		消费者满意度增长率（%）
	增长率（%）	市场排名	月投诉次数	较前五年均值下降（%）	
黑龙江	8	1	0	27	25
辽宁	10	2	0	18	30
重庆	9	9	0	12	40

续表

省(自治区、直辖市)	销售增长情况		质量投诉情况		消费者满意度增长率(%)
	增长率(%)	市场排名	月投诉次数	较前五年均值下降(%)	
贵州	15	11	1	16	46
安徽	6	13	0	20	36
四川	5.5	19	1	25	28
海南	11	28	0	16	33
浙江	9	29	1	16	35

结　语

进入 21 世纪以来，人类开启了以人工智能、机器人技术、虚拟现实、量子信息技术、可控核聚变、清洁能源以及生物技术为突破口的第四次工业革命。2013 年 4 月，在汉诺威工业博览会上，德国正式提出"工业 4.0"，该概念包含了由集中式控制向分散式增强型控制的基本模式转变，目标是建立一个高度灵活的个性化和数字化的产品与服务的生产模式。个性化和数字化成为"工业 4.0"的标签，对于食品制造企业来说，产品质量就是生命，公司围绕质量问题率先走向"质量 4.0"，将涉及产品全生命周期的工业管理与质量紧密结合在一起，通过质量数字化进一步提升企业的效率、绩效和创新能力。质量数字化不仅是数据在质量管理体系中的跟踪和应用，而且是以质量数字化引导传统质量管理的变革与创新，通过技术应用改变人员和流程，进而改善文化、创新合作、强化技能。

将"互联网＋"行动计划与"智能制造"发展模式高度融合，可以实现信息技术与制造业深度融合发展。随着"工业 4.0"发展模式波及全球，在我国新常态发展背景下，实现信息技术、互联网技术与传统制造业的融合发展，成为我国工业转型升级的必然要求[①]。未来，以互联网、大数据、云

---

① 任毅、东童童：《"智能制造"对中国食品工业的影响及发展预判》，《食品工业科技》2015 年第 22 期，第 36 页。

计算为代表的信息和通信技术加速向实体经济渗透，智能制造的时代离不开智慧工厂的理论框架与体系模型建设，对此真心公司迈出了关键的一步。真心集团将不断持续创新质量管控模式，不断深入探索质量数字化跟踪管理模式，改革创新永远在路上！

Abstract

Blue Book of Big Data Applications is the first Blue Book of Big Data Applications research in China, jointly compiled by the China Management Science Society Big Data, Committee the Industrial Internet Research group of the Development Research Center of the State Council and Shanghai Xinyun Date Technology data Technology Co. , Ltd.

The Blue Book aims to describe the current situation of big data application in relevant industries and typical representative enterprises in China. It analyzes the problems existing in the current big data application and the factors restricting its development, as well as makes a judgment on its future development trend according to the actual situation of the current big data application.

Annual Report on Development of Big Data Applications in China No. 3 (*2019*) is divided into four parts: General Report, Index Report, Hot Topics and Cases.

In 2019, various signs show that big data is increasingly displaying its huge values and benefits in social production management practice. The General Report observes the current trends of big data from the perspectives of government big data application and real economy big data application. In terms of the application of government big data, this book collects two case articles in Shanghai and Hefei, respectively focusing on the increase of government data openness and the increase of the breadth and depth of government data utilization. In terms of real economy big data application, this book also collects big data application practice cases including energy, agriculture, construction, finance, 5G application, offline entities, food, new retail and so on, showing the big data explorations and attempts in real economy applications.

At present, China is in the process of continuous transformation between new and old driving forces and big data is regarded as the new driving force of China's economic growth. According to this book, from the perspective of the overall situation of big data in 2019, China's big data is entering the stage of extensive and deep-seated application, which is reflected in the following aspects. First, our country has built a complete policy system on the integration of real economy, and big data experimental areas and bases are blooming everywhere. Second, the core industries of big data are reaching a total scale of trillions, forming an industrial ecological structure of core industries, related industries and derivative industries. Third, there are obvious imbalances between big data industry aggregation and big data business distributions. Fourth, big data industry has been involved in all levels of government and social industry, and has produced great values. Fifth, the government's big data application has been more open in data sharing, and the data application business has also developed from public opinions supervision, networks supervision, command and dispatch, supervision and traceability to the refined management field such as government vehicles use.

Increasingly improved policy systems, continuous capital investments and large-scale systematic industry foundations have provided basic conditions for big data application to integrate with real economy and government management in depth. Facing the future, this book proposes that in order to promote the further development of big data application, a complete data standard system and evaluation system are greatly needed, and big data security should be guaranteed. More advanced and professional big data technical support and more cross-field and cross-professional talents are greatly needed as well.

It is worth mentioning that this book first launched Big Data Management Maturity Index for Government. Focused on the government big data management, it constructed the first level indicators such as strategic planning, supporting policies, organizational structure, data opening, human resources, and put forward the ability evaluation model. The establishment of the evaluation model may promote the development of government big data application.

Keywords: Big Data Application; Real Economy; Government Big Data Application

Contents

I   General Report

B. 1   Integration · Standardization: Big Data Application Facing
        Challenges in China   *Liu Shengjun, Fan Yin* / 001

Abstract: The important goal of big data application is to transform the old management mode and improve the overall benefits of social management and economic production. In 2019, the big data application has entered the deep integration development stage. The policy system of big data development was stable and mature while the technological ecology was abundant and diverse, and the industry has developed prosperously as well. All of the above factors provided the basic conditions for the deep integration of big data application. At present, the big data industry with data as the production factor needs to be formed; unified cross-industry data standards and evaluation systems to measure the development level of big data need to be built; the big data security laws and regulations need to be refined; the data security technology needs to be strengthened. Meanwhile, with the deep integration of big data application and entity economy, the core technology of big data application will be close to the field of social management and entity economy. It will develop towards specialization and diversification, and thus the demands for cross-field and cross-professional talents will be more great.

Keywords: Deep Integration; Data Openness; Big Data Application Situation; Big Data Evaluation System

II Index Report

B. 2 Big Data Management Maturity Index for Government Management

Geng Huantong / 022

Abstract: The rapid development and wide application of big data not only brings great convenience to social development, but also profoundly changes the way of government governance. As the leader of social reforms, government should deeply understand the importance of big data management and establish special organizations to provide big data security to improve the efficiency of the management. In order to make the public further understand the current situations and differences of big data management of governments at prefecture-level or above, we will adopt the model and indicator systems to evaluate the maturity of big data management by governments. This paper puts forward the index system of Big Data Management Maturity Index for Government (DMMI), aiming to evaluate the performances and practices of governments at all levels on big data governance through quantifiable indicators. It also aims to improve the governments' responsibilities of big data governance through indicator guidance as well as to enhance regional competitiveness and big data services. The index system of DMMI has five first-level indexes, including strategic planning, supporting policies, organizational structure, data opening, human resources, 12 second-level indexes and 26 monitoring points. It mainly works for the evaluation of governments at prefecture-level or above. It strives to model the regional big data management and service levels. According to the total scores of big data management maturity, it classified the different regions at prefecture-level into three stages: single application, integrated application and deep integration.

Keywords: Big Data Management; Maturity Index; Government Governance

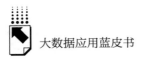

Ⅲ Hot Topics

B. 3 Trend of Energy Platform and Big Data Governance

Zhou Jianqi / 031

Abstract: New energy has become the fastest growing energy and will likely be one of the main power sources in the future. Distributed energy resources including distributed photovoltaic and distributed wind power are developing rapidly. Mobile energy storage technologies, such as hydrogen fuel cell and lithium battery, are distributed new energy technologies too. They are regarded as the key breakthrough of future energy technology innovation in the world and will have profound impacts on the future energy pattern. Distributed new energy is mainly used in power field. Scattered power consumers can install photovoltaic or wind power generation systems on roofs, in courtyards or fields and become power prosumers. This inherent prosumer advantage is promoting the development of energy industry platform and will produce a new energy platform ecology. To promote the development of energy platform is to comply with the new round of scientific and technological revolution and industrial reform and to meet the internal requirements of strengthening energy transformation and energy new economic development. The energy platform development in China is facing the big data governance challenge, mainly reflected in the followings: the complete energy data chain has not been formed, the data value of energy platform has not been fully released and the data curation mode of energy platform needs to be innovated. It is suggested to start the top-level design of big data governance of energy platform as soon as possible, and make up the short board of data curation of energy platform. In order to enhance our global competitiveness in new energy, we can start from the data curation of distributed new energy platforms such as photovoltaic cloud to promote the upgrading and innovation of the stock by incremental development.

Keywords: Energy Platform; Distributed New Energy; Data Governance

B. 4　Current Status and Development Trend of the Application of Big Data Based on Business Integrity

Fan Wenyue, Yang Ning and Jiang Chunyan / 047

Abstract: The supervision and service of business integrity of market participants has become a hot issue of social concern with the new normal of economical development. For business sectors, the supervision of corporate integrity needs to be adjusted or upgraded in data integration, data specification, data security, regulatory system, in formation sharing, system optimization and etc. For enterprises and the public, there also exist a large amount of problems to be solved urgently in integrity management, public awareness, brand protection and governance. This paper expounds how big data can help business departments to build business integrity system from the perspectives of difficulties in the construction of business integrity, the overall design, standard system and application scenario of business integrity and prospects the future development of big data application in the field of business integrity.

Keywords: Business Integrity; Big Data; Big Data Integration; Standard System

B. 5　Robo-advisor: Inclusive Investment Driven by Big Data

Peng Zhiyu, Shi Wei / 064

Abstract: Due to the asymmetry of information and the lack of standard investment services in the investment advisory market, the traditional investment advisory market is in disorder, which provides the opportunities for the greedy advisers to deceive the investors. Based on the algorithm of big data analysis, Robo-advisors automatically put forward proposals of investment, reducing the interference from human beings and the service costs greatly. Through the

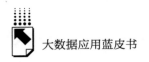

descriptions of the typical intelligent transaction strategies applied by Robo-advisors and the source of Alpha Returns, the paper puts forward the principle of constructing quantitative investment model and demonstrates the research framework of intelligent strategy. In particular, a series of intelligent factors such as 'moats' and Stock rating are proposed. The advantages of the technology of Robo-advisors have proved to be making steady profits in a long period of investment with actual data cases from the investment markets in the last three years (2016 −2019),

Keywords: Robo-advisor; Big Data; Intelligent Strategy

B. 6   5G Mobile Communication: Make Big Data Application Develop Wider

Zhou Yaoming, Yuan Le, Fan Yin and Jiang Cheng / 084

Abstract: With the latest technologies and applications such as 5G mobile communication and big data, profound impacts on social progress, livelihood improvement and urban governance have been brought. They have become important factors driving the development of digital economy and economic and social transformation. Anhui Unicom and Suzhou Municipal Government work together to build New District of Bianbei into a new industry demonstration area under 5G environment. Combining with big data technology application, the area actively develops new industries including Cloud Computing, Intelligent Manufacturing, Smart Home, Intelligent Robot, VR / AR Manufacturing, film and television entertainment industry (live broadcast) and so on. It commits to building the demonstration area into a new Smart Urban Area characterized with businesses leading, talents gathering and ecological civilization.

Keywords: 5G; Big Data; Smart City

Ⅳ Cases

B. 7　Analysis of Public Data Management and Sharing System in
Shanghai　　　　*Zhu Zongyao, Liu Yingfeng and Chu Zhaowu* / 100

Abstract: Public opinions and popular feelings are embodied in public urban data, which is a direct record of society operation and a direct reflection of social laws. In the era of big data as resources, numerous public data is undoubtedly a valuable resource for the whole society. However, the public urban data is in a large scale and in large varieties, it has become a hot issue for all walks of life in society to manage and use the public data better, to improve the level of government services, and to launch the brand of government services, it is also the work focus for Shanghai Big Data Center. It is important to improve government services efficiency and meet the needs of the public with the use of big data, including ensuring data security, exploring the public opinions in big data, optimizing government processes with big data and the internet to serve enterprises and the public faster and better. Based on the current status of centralized management and sharing of public urban data provided by Shanghai Big Data Center, this paper redevelops the concepts of Data Lake on municipal level and Subject Database under the new background of building smart city and smart government. It explores the needs of management and utilization of public data, and then combine them organically. Thus it proposes to further deepen the reforms to streamline administration, delegate powers and improve regulation and services, aiming to build a new public urban data management and sharing structure, based on the Public Urban Data Lake, supported by municipal database named "Four Beams and Eight Columns", applying the "Three Lists and One Catalog" as the supply and demand management mode and taking the application scenario authorization as the main sharing mode. Up to now, the total design capacity of Data Lake in Shanghai Big Data Center is 5, 400TB. 4. 68PB of data has been collected and 8. 77 billion pieces of data have been extracted. 7. 998 billion

effective data has been put into the Lake, including 5, 120GB data of population database and 91, 020GB data of electronic license database. This structure solved the technical problems of managing public data for the governors in the city and provided the management and sharing methods of urban public data, realizing the promotion from management to service.

Keywords: Public Data; Data Lake; Data Management; Data Sharing

B. 8 Research on the Development of Smart and Safe Hefei,
Based on Big Data Application *Fang Fang, Xu Lingshun* / 119

Abstract: With the progress of the times and the rapid development of big data networks, China has realized the transformation from information age into big data age, and the application of big data has penetrated into all walks of life in society. Smart City is a new urban form that originated in the information age and that gradually evolved with the development of the big data age. As one of the first batch of model cities developing safe and international smart city construction, Hefei is actively exploring the application of big data in urban management. This paper introduces the current status of big data development as well as the smart safe city construction and operation in Hefei. The authors expound upon the application of big data and make suggestions in the development of a safe Smart City in Hefei.

Keywords: Big Data; City Safety; "City Brain"; Operational Characteristics

B. 9 Data Thinking: Data-based Government Affairs Administration
System in the New Era
Yu Chaofu, Huang Xuxin and Wu Zhongcheng / 135

Abstract: With several years of development, the information management of government affairs has taken shape. In the era of information technology led by 5G technology, big data, artificial intelligence and other new technologies, the traditional government affairs administration system can no longer meet modern needs. Based on the current situation of information management of government affairs, this paper explores the construction of a government affairs administration system of "socialized service, standardized guarantee and intelligent management" with the concept of data thinking by building a big data center and cloud service platform, where the data of each department of government affairs management can be exchanged. At the same time it gives a detailed introduction to the application of big data, information security and future development trends in this process, aiming to provide a reference for the modernization of governance systems and governance capacity in the new era.

Keywords: Government Affairs Administration; Data Thinking; Intelligent Management; Service-oriented Government

B. 10　Collaborative Visualization: Digital Construction in the Era of Big Data　　　　　　　　　　　　　　*Wu Hongxing* / 150

Abstract: The era of big data has come and all industries are reforming and innovating. For traditional construction enterprises, how to upgrade their business with the use of the internet and big data has become one of the urgent issues. In order to demonstrate digital construction more vividly and truly, this paper takes Anhui Construction Engineering Group as an example. It puts forward the concept of collaborative visualization which aims to realize organization collaboration and business collaboration and illustrates its specific practices and importance by making use of data. Through data display, business will be visualized; through data analysis, management will be scientific. Thus construction engineering in the era of big data will become real digital construction engineering.

Keywords: Construction Enterprise; Business Collaboration; Digital Construction Engineering; Big Data Application

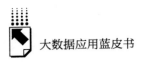
B. 11   Application System of Agricultural Big Data for Smart
Anhui SIERTE Fertilizer Industry Co. , LTD

Liu Yanqing, Ye Jianming and Yin Jinru / 172

Abstract: At present, most of the agricultural production in China are still in the traditional planting mode, lack of the application of advanced scientific and technological leads to low product quality and low economic efficiency. In view of the above situation, Anhui SIERTE Fertilizer Industry Co. , LTD (hereinafter referred to as SIERTE) has committed to building intelligent agriculture based on big data. Through the analysis of the demands of constructing agricultural big data, this paper designs an open big data platform of agriculture for SIERTE, and focuses on demonstrating two subsystems of "Schooling and Farming with the Help of QR" and "Learning Before Farming in Different Seasons". Based on the existing Celtic marketing network of SIERTE, "Schooling and Farming with the Help of QR" integrates the advantageous resources of grass-roots service for farmers such as soil fertilizing, plant protecting and agricultural technology promoting. It realizes the integrated agricultural management system by using a variety of information-based equipment. "Learning Before Farming in Different Seasons" is a large comprehensive application platform for guiding farmers to apply fertilizer scientifically. With this, the damage caused by excessive fertilization of soil can be effectively avoided and the crop production can be maximized, making farmers more risk- resistant.

Keywords: Smart Agriculture; Big Data Technology; Comprehensive Application

B. 12   Big Data Leads Intelligent Finance: Taking Suoxinda Data
Technology Co. , Ltd as an Example

Zhang Duo, Shao Ping / 192

Abstract: With the development of big data and artificial intelligence, the

246

traditional financial industry is far behind in efficiency and risk management. In the face of fierce market competition, the banking industry is actively seeking transformation and upgrading. The era of intelligent Finance 3. 0 in the banking industry has come. Shenzhen Suoxinda Data Technology Co. , Ltd has been engaged in financial industry for 14 years, focusing on providing the banking industry with integrated solutions including precise marketing, anti-fraud and business intelligence services based on big data. Through integration, mining and accurate predictions with data, it helps enterprises improve efficiency, reduce risks and create greater business value.

Keywords: Big Data; Intelligent Finance; Data Mining; Risk Management

B. 13 "Five Fixing Rules" Management Model in Retail Industry: Fresh Legend in the Era of Big Data　　　*Wang Wei* / 209

Abstract: In the era of big data information, enterprises should change its traditional operation modes and innovate to meet the needs of market development and gain a favorable competitive position in the market. By using information technology, we can obtain real and effective information, which can be analyzed effectively with big data technology and thus can provide suggestions to decision-making. In 2018, Anhui Fresh Legend Commercial Co. , Ltd. put forward the visual management mode, realizing the full information management of commodities. At present, big data technology has been used in key links such as supply chain, logistics, inventory, company operation, marketing and so on.

Keywords: "Five Fixing Rules" Management Model; Retail Big Data; Informatization; Visualization

大数据应用蓝皮书

B. 14 "True Love" Big Data: The Whole Cycle Digital
Management System and Practice in Leisure Food Industry

He Jie / 221

Abstract: Anhui Truelove Foods Co. , Ltd, a traditional manufacturing enterprise, has been fully engaged in leisure food industry for more than ten years and has been in the leading position. It has accumulated a large number of customers' information, parameters of manufacturing quality, process control data and so on with the help of its data collecting system. The efficient selection and analysis of data has become an important support for enterprises' transformation and upgrading. Through the comparison and application of effective data, the fine process management and control of quality is realized; through the recording, locating and screening of data, the high-efficiency of the responsibility tracking of products is guaranteed, and the realization of high-quality intelligent manufacturing is feasible. The data from Anhui Truelove Foods Co. , LTD, including data of visiting customers, of dealers' storage, and of consumer experience, was initially applied in the marketing system. The company gradually focused on users, and formed a special case for precisely personalized services in the food field and good brand management. The volume and boundary of data tend to be infinite, and the effective data is also distributed dynamically, but the data-based management model can be used for a long time. Anhui Truelove Foods Co. , Ltd is constantly exploring and improving its accurate intelligent manufacturing and services, which shows personality, visualization, and a large platform .

Keywords: Big Data Application; Quality Management; Leisure Food; Intelligent Manufacturing

权威报告·一手数据·特色资源

皮书数据库
ANNUAL REPORT(YEARBOOK)
DATABASE

当代中国经济与社会发展高端智库平台

所获荣誉

- 2016年，入选"'十三五'国家重点电子出版物出版规划骨干工程"
- 2015年，荣获"搜索中国正能量 点赞2015""创新中国科技创新奖"
- 2013年，荣获"中国出版政府奖·网络出版物奖"提名奖
- 连续多年荣获中国数字出版博览会"数字出版·优秀品牌"奖

成为会员

通过网址www.pishu.com.cn访问皮书数据库网站或下载皮书数据库APP，进行手机号码验证或邮箱验证即可成为皮书数据库会员。

会员福利

- 已注册用户购书后可免费获赠100元皮书数据库充值卡。刮开充值卡涂层获取充值密码，登录并进入"会员中心"—"在线充值"—"充值卡充值"，充值成功即可购买和查看数据库内容。
- 会员福利最终解释权归社会科学文献出版社所有。

数据库服务热线：400-008-6695
数据库服务QQ：2475522410
数据库服务邮箱：database@ssap.cn
图书销售热线：010-59367070/7028
图书服务QQ：1265056568
图书服务邮箱：duzhe@ssap.cn

社会科学文献出版社 皮书系列
SOCIAL SCIENCES ACADEMIC PRESS (CHINA)

卡号：**469395319466**

密码：

S 基本子库
SUB DATABASE

中国社会发展数据库（下设 12 个子库）

全面整合国内外中国社会发展研究成果，汇聚独家统计数据、深度分析报告，涉及社会、人口、政治、教育、法律等 12 个领域，为了解中国社会发展动态、跟踪社会核心热点、分析社会发展趋势提供一站式资源搜索和数据分析与挖掘服务。

中国经济发展数据库（下设 12 个子库）

基于"皮书系列"中涉及中国经济发展的研究资料构建，内容涵盖宏观经济、农业经济、工业经济、产业经济等 12 个重点经济领域，为实时掌控经济运行态势、把握经济发展规律、洞察经济形势、进行经济决策提供参考和依据。

中国行业发展数据库（下设 17 个子库）

以中国国民经济行业分类为依据，覆盖金融业、旅游、医疗卫生、交通运输、能源矿产等 100 多个行业，跟踪分析国民经济相关行业市场运行状况和政策导向，汇集行业发展前沿资讯，为投资、从业及各种经济决策提供理论基础和实践指导。

中国区域发展数据库（下设 6 个子库）

对中国特定区域内的经济、社会、文化等领域现状与发展情况进行深度分析和预测，研究层级至县及县以下行政区，涉及地区、区域经济体、城市、农村等不同维度。为地方经济社会宏观态势研究、发展经验研究、案例分析提供数据服务。

中国文化传媒数据库（下设 18 个子库）

汇聚文化传媒领域专家观点、热点资讯，梳理国内外中国文化发展相关学术研究成果、一手统计数据，涵盖文化产业、新闻传播、电影娱乐、文学艺术、群众文化等 18 个重点研究领域。为文化传媒研究提供相关数据、研究报告和综合分析服务。

世界经济与国际关系数据库（下设 6 个子库）

立足"皮书系列"世界经济、国际关系相关学术资源，整合世界经济、国际政治、世界文化与科技、全球性问题、国际组织与国际法、区域研究 6 大领域研究成果，为世界经济与国际关系研究提供全方位数据分析，为决策和形势研判提供参考。

法律声明

"皮书系列"（含蓝皮书、绿皮书、黄皮书）之品牌由社会科学文献出版社最早使用并持续至今，现已被中国图书市场所熟知。"皮书系列"的相关商标已在中华人民共和国国家工商行政管理总局商标局注册，如LOGO（▉）、皮书、Pishu、经济蓝皮书、社会蓝皮书等。"皮书系列"图书的注册商标专用权及封面设计、版式设计的著作权均为社会科学文献出版社所有。未经社会科学文献出版社书面授权许可，任何使用与"皮书系列"图书注册商标、封面设计、版式设计相同或者近似的文字、图形或其组合的行为均系侵权行为。

经作者授权，本书的专有出版权及信息网络传播权等为社会科学文献出版社享有。未经社会科学文献出版社书面授权许可，任何就本书内容的复制、发行或以数字形式进行网络传播的行为均系侵权行为。

社会科学文献出版社将通过法律途径追究上述侵权行为的法律责任，维护自身合法权益。

欢迎社会各界人士对侵犯社会科学文献出版社上述权利的侵权行为进行举报。电话：010-59367121，电子邮箱：fawubu@ssap.cn。

社会科学文献出版社